# ComputerPraxis im Unterricht
**DISKETTEN**

Die nachstehenden Disketten enthalten die Programm- bzw. Beispielsammlungen
der gleichnamigen zugehörigen Bücher, wobei Verbesserungen oder vergleichbare
Änderungen vorbehalten sind.

Baumann: **Computereinsatz in Sozialkunde, Geographie und Ökologie**
    Diskette für IBM-PC und kompatible; MS-DOS, Framework 1.1
    Empf.Preis DM 38,–

Fleischhauer/Schindler: **Schüler führen ein Bankkonto**
    Diskette für Apple II; CP/M   Empf. Preis DM 38,–
    Diskette für C 128   Empf. Preis DM 38,–
    Diskette für IBM-PC und kompatible; MS-DOS   Empf. Preis DM 38,–
    Diskette für Alphatronic-PC 8; CP/M   Empf. Preis DM 38,–

Franze/Menzel: **AppleWorks-Praxis**
    Diskette für Apple II e, II c; AppleWorks   Empf.Preis DM 38,–

Käberich/Steigerwald: **Schüler arbeiten mit einer Datenbank**
    Diskette für Apple II; CP/M, dBASE II   Empf. Preis DM 38,–
    Diskette für IBM-PC und kompatible; MS-DOS, dBASE III   Empf. Preis DM 38,–
    Diskette für Alphatronic-PC 8; CP/M, dBASE II   Empf. Preis DM 38,–

Lehmann/Madincea/Pannek: **Materialien zur ITG**
    Band 1: Unterrichtseinheiten
    Diskette für IBM-PC; DOS, TURBO-PASCAL   Empf. Preis DM 38,–

Menzel/Probst/Werner: **Computereinsatz im Mathematikunterricht**
    Band 2: Materialien für die Klassenstufen 9 und 10
    Diskette für Apple II e, II c; IWT-Logo, Multiplan, AppleWorks
    Empf. Preis DM 38,–
    Diskette für C 64/VC 1541; CBM-Floppy 4040/2030; IWT-Logo, Multiplan
    Empf. Preis DM 38,–

Werner u. a.: **Schüler arbeiten mit dem Computer**
    Diskette für Apple II e, II c; IWT-Logo, Quickfile, AppleWorks
    Empf. Preis DM 38,–
    Diskette für C 64/VC 1541; CBM-Floppy 4040/2030; Textomat plus, Datamat
    Empf. Preis DM 38,–

# MikroComputer–Praxis
**DISKETTEN**

Bielig-Schulz/Schulz: **3D-Graphik in PASCAL**
    Diskette für Apple II; UCSD-PASCAL   Empf. Preis DM 48,–
    Diskette für IBM-PC; MS-DOS, TURBO-PASCAL   Empf. Preis DM 48,–

Duenbostl/Oudin/Baschy: **BASIC-Physikprogramme 2**
    Diskette für Apple II   Empf. Preis DM 52,–
    Diskette für C 64 / VC 1541, CBM-Floppy 2031, 4040; SIMON'S BASIC
    Empf. Preis DM 52,–

Erbs: **33 Spiele mit PASCAL**
    . . . und wie man sie (auch in BASIC) programmiert
    Diskette für Apple II; UCSD-PASCAL   Empf. Preis DM 46,–

Fischer: **COMAL in Beispielen**
    Diskette für C 64 / VC 1541; CBM-Floppy 4040, COMAL-80 Version 0.14   Empf. Preis DM 42,–
    Diskette für CBM 8032, CBM-Floppy 8050, 8250; COMAL-80 Version 0.14   Empf. Preis DM 42,–
    Diskette für Schneider CPC 464 / CPC 664 / CPC 6128; COMAL-80 Version 1.83
    Empf. Preis DM 48,–

Glaeser: **3D-Programmierung mit BASIC**
    Diskette für Apple II e, II c und II plus   Empf. Preis DM 48,–
    Diskette für C 64 / VC 1541, CBM-Floppy 2031, 4040   Empf. Preis DM 48,–

Grabowski: **Computer-Grafik mit dem Mikrocomputer**
    Diskette für C 64 / VC 1541; CBM-Floppy 2031, 4040   Empf. Preis DM 48,–
    Diskette für CBM 8032; CBM-Floppy 8050, 8250; Commodore-Grafik
    Empf. Preis DM 48,–

Grabowski: **Textverarbeitung mit BASIC**
    Diskette für CBM 8032; CBM-Floppy 8050, 8250   Empf. Preis DM 44,–
    Diskette für IBM-PC; MS-DOS   Empf. Preis DM 44,–

Fortsetzung auf der 3. Umschlagseite

MikroComputer–Praxis

Herausgegeben von
Dr. L. H. Klingen, Bonn, Prof. Dr. K. Menzel, Schwäbisch Gmünd
und Prof. Dr. W. Stucky, Karlsruhe

# Wie funktionieren Roboter

Von Dr. Werner Lorbeer, Augsburg
und Dr. Dietrich Werner, Augsburg

2., durchgesehene Auflage
Mit 63 Bildern

B. G. Teubner Stuttgart 1987

CIP-Kurztitelaufnahme der Deutschen Bibliothek

**Lorbeer, Werner:**
Wie funktionieren Roboter / von Werner
Lorbeer u. Dietrich Werner. – 2., durchges.
Aufl. – Stuttgart : Teubner, 1987
  (MikroComputer-Praxis)
  ISBN 978-3-519-12531-0          ISBN 978-3-322-91173-5 (eBook)
  DOI 10.1007/978-3-322-91173-5

NE: Werner, Dietrich:



Gesamtherstellung: Druckhaus Beltz, 6944 Hemsbach/Bergstraße
Umschlaggestaltung: M. Koch, Reutlingen

# Vorwort

Der voll mobile Roboter für jedermann, der etwa im Haushalt anfallende Arbeiten
zur vollen Zufriedenheit der Hausfrau erledigt und dennoch nicht mehr als ein
gutes Mittelklasseauto kostet, wird wohl noch einige Zeit nur im Bereich der
Science-fiction existieren.
Es werden zwar auf dem amerikanischen Markt etliche mobile Modelle mit
vielfältiger Sensorik angeboten (auch in der Bundesrepublik findet man
mittlerweile einige 'Robbies'), doch hauptsächlich werden diese Produkte als
Spielzeug für Begüterte, zu Reklamezwecken und als Party-Gag eingesetzt.
Dementsprechend grob ausgelegt und unpräzise ist auch die verwendete Sensorik.

In der industriellen Praxis befinden sich sogenannte **Industrieroboter** in viel-
fältigen Anwendungen. Es handelt sich um stationär aufgestellte Maschinen mit
mehreren unabhängig voneinander beweglichen Gelenken, die bisher fast ausschließlich zu **Schweiß-**, **Lackier-**, **Transport-** und **Montagearbeiten** verwendet werden. Ein Großabnehmer für Industrieroboter ist weltweit die Automobil-
industrie - VW Wolfsburg stellt seine Roboter für den eigenen Bedarf sogar selbst
her.

Da solche Maschinen Teile unserer Arbeitswelt prägen und auch vom gesell-
schafts- und sozialpolitischen Aspekt her besondere Bedeutung haben, werden
wir uns in diesem Buch überwiegend mit Industrierobotern bzw. Modellen davon
beschäftigen.

Insgesamt betrachtet wenden wir uns dabei einem Gebiet von gewaltigen
Ausmaßen zu. Man bedenke etwa neben der rein technischen Problemstellung
auch die Fragestellungen zur **Automatisierung, Rationalisierung und Hu-
manisierung der Arbeitswelt.** Selbst wenn wir uns, was wir tun wollen, auf
die Untersuchung und Darstellung von Teilproblemen der Roboter-Physik, -Mathe-
matik und -Informatik beschränken, verbleibt ein Bereich von beträchtlicher
Komplexität.

Wir haben im vorliegenden Buch versucht, diesen Bereich geeignet aufzubereiten und in angemessener Weise darzustellen. Dabei sollten sowohl die allgemein am Thema Interessierten als auch die Hobby-Programmierer und -Elektroniker angesprochen werden. Letztere sollten insbesondere im 4. und 6. Kapitel reichlich Anregungen für eigene Aktivitäten finden.

Im Literaturverzeichnis ist eine Auswahl von aktuellen Werken angegeben, die zur Vertiefung der Thematik geeignet erscheinen. Die Titel sind alphabetisch geordnet und mit Nummern in Klammern versehen, auf die im Text bei Literaturverweisen jeweils Bezug genommen wird.

Wir danken der Fa. KUKA Schweißanlagen + Roboter GmbH Augsburg für die Genehmigung zur Veröffentlichung der im Buch verwendeten Werkfotos und dabei besonders Frau Heinzl, die uns bei der Auswahl der Fotos sachkundig unterstützte. Unser besonderer Dank gilt dem Schulungsleiter der Fa. KUKA, Herrn Wittig, der uns ein hautnahes, persönliches Kennenlernen von Betrieb und Funktion moderner Industrieroboter vor Ort ermöglichte.

Des weiteren danken wir Herrn Prof. Dr. Kuntze für die weitgehende Unterstützung bei der Realisation des Buches, die er uns im Rahmen der Forschungsprojekte MAMOK und PROTEC zukommen ließ. Nicht unerwähnt dürfen die Sekretärinnen Frau Brückner und Frau Zielz , sowie Frl. Ursula Tinter und Herr Hans Lippert bleiben, ohne deren persönliches Engagement bzgl. der Gestaltung des Textes und der Graphiken das Erscheinen des Buches in der vorliegenden Form nicht möglich gewesen wäre. Herr Aumann von der Fa. Aumann Microelectronic schuf mit der Konstruktion des Roboterinterface die Hardware-Grundlage für unser Buch, und Herr Thomas Werner steuerte Karikaturen zur Auflockerung bei.

Zuletzt gilt unser Dank dem Verlag für das Verständnis, das er den unvermeidbaren Verzögerungen in der Fertigstellung des Buches entgegenbrachte.

Augsburg, im September1986          Werner Lorbeer, Dietrich Werner

# Inhaltsverzeichnis Seite

# 1. Prinzipielles zum Einsatz und zur Konstruktion von Robotern

## 1.1 Robot Fiction

Isaac Asimov läßt in 'Auf der Suche nach der Erde' (siehe (2)) einen Ratsherrn die **drei Roboterregeln** zitieren, nachdem im vorangehenden Gespräch klar gemacht worden ist, daß sich Roboter (vom Typ Androbot, wie wir ihn später definieren werden) nicht besonders bewährt haben.

"Nach orthodoxer Auffassung haben sie folgendermaßen gelautet:

**'Erstens**: Ein Robot darf keinen Menschen verletzen oder durch Untätigkeit zu Schaden kommen lassen.

**Zweitens**: Ein Robot muß den Befehlen des Menschen gehorchen - es sei denn, solche Befehle stehen im Widerspruch zur ersten Regel.

**Drittens**: Ein Robot muß seine eigene Existenz schützen, solange dieser Schutz nicht der ersten oder zweiten Regel widerspricht.'" (siehe (2) Seite 433)

Aus unserer Sicht auf die Geschichte dürfen die Roboterregeln ruhig als Vorbild gewertet werden. Dies würde uns das Vordringen der Kampfroboter in der Militärtechnik ersparen. Wir würden damit viel Arbeitszeit zur Konstruktion dieser Geräte sparen, die wir in Muße und im Genuß auf unserer wunderbaren Erde verbringen könnten. Denn der Krieg ist sicher nicht 'der Vater aller Dinge'. Und wenn doch, dann sicher und von der Behauptung nicht widersprochen, der Vater von Zerstörung, Hunger und Not.

Eine andere Art der Fiktion ist die des **sozialen Abstiegs der Arbeit** durch das Aufkommen der Roboter. Klaus Haefner, Kassandra und Schamane der 'human computerisierten Gesellschaft' sieht die Roboter kommen:

"Während wir bisher im wesentlichen den Industrieroboter im Auge haben, ist zu erkennen, daß in wenigen Jahren kleine bewegliche Roboter sowohl in der handwerklichen Fertigung als auch im Haushalt verfügbar sein werden. Damit werden vielerlei Montagearbeiten und Handreichungen, die z. Z. noch eine Kombination von manuell-motorischen und kognitiven Fertigkeiten fordern, von Robotern übernommen werden können." (siehe (7))

Hier wird also bereits die nächste Entwicklungsrunde des Roboterwesens gekennzeichnet, wo doch die Gesellschaft noch mit den Konsequenzen der Einführung des Industrieroboters ringt. In der Tat fragt auch Haefner: "Geht uns die Arbeit aus?" Und er antwortet mit einer **Vision der Gesellschaft**, die

1. die Grundbedürfnisse des Menschen weitgehend vollautomatisch befriedigt,
2. die derart erzeugten Produkte angemessen und sozial gerecht verteilt.
3. dem Menschen gestattet, sich in einer intellektuell außerordentlich reichhaltigen Welt psychisch mobil zu bewegen.
4. den Ausbruch von Kriegen rechtzeitig verhindert,
5. das demokratische System weiterentwickelt, unter anderem durch die weltweite Verbesserung des Wissensstandes und der Entscheidungsfähigkeit des Menschen (vgl. (7) Seite 169).

Auch wenn diese Vision angesichts des Zustands der Erde und ihrer Bevölkerung nicht realisierbar und, spontan betrachtet, auch nicht wünschenswert erscheint, weist ihre Veröffentlichung doch darauf hin, daß der universelle Begriff der Arbeit, wie ihn Marx visionär für das 20. Jahrhundert formuliert hat, im 21. Jahrhundert eine grundlegende Wandlung erfahren wird. Und damit werden auch die gesellschaftlichen Kräfte, die die Arbeit verwalten, aufgerufen sein, sich nach neuen Leitbildern umzusehen, die das **Verhältnis von Lebenssinn und Lebensarbeit** neu bestimmen können.

Daß die Wandlung nicht nur die Handarbeit, sondern auch die Kopfarbeit und Verwaltungsarbeit betreffen wird, ist allenthalben unbestritten (vgl. z. B. (8)).

Die Entwicklung der **'Artificial Intelligence'** ist Garant dafür, daß sich alle denkbaren standardisierbaren Hand- und Denkarbeiten mit Hilfe von Elektronik, Sensorik und gesteuerter Mechanik zumindest rationalisieren lassen.

Die 'Artificial Intelligence' (ausgezeichnet dargestellt durch Hofstadter (z. B. in (9)) entwickelt sich längs mehrerer Paradigmen:

**Expertensysteme** werden Computerprogramme genannt, die über das Wissen vieler Fachleute verfügen und dieses in Interaktion mit dem Fachmann verfügbar halten. Der Fachmann kann durch die Formulierung von Fragen und fragmentarischem Sachverhaltswissen von der Datenbank Auskunft erhalten. Es ist gut vorstellbar, daß Expertensysteme auf dem Gebiet der Medizin oder des Patentwesens, etc., global zentralisiert eine neue Wissensquelle für die international sich entwickelnde Wissenschaft und Industrie werden.

**Spiele** wie Schach und Dame sollen von den Programmen besser als durch den Menschen ausgeführt werden können. Dahinter steckt das wissenschaftliche Problem, die **Problemlösungsstrategien** des Menschen ganz allgemein zu erforschen. Fänden sich allgemeine Strategien dieser Art, so könnte man sie dem Arbeitsgespann Mensch-Computer als Arbeitsunterstützung verfügbar machen, so wie heute ein Betriebssystem. Doch sind die Ergebnisse hier noch entmutigend. Das liegt wohl in erster Linie daran, daß die derzeit verfügbaren Rechner- und Speicherprinzipien ungeeignet sind. **Deduktions- und Reduktionssysteme**, die wirklich Neues produzieren oder das Bekannte auch auf symbolischem Level rasch reproduzieren, sind in der Entwicklung. Während eine breite Öffentlichkeit den Computer noch als Rechner ansieht, sind fortgeschrittene Systeme längst so weit, symbolisch zu differenzieren und zu integrieren, und das in einer Qualität, die sogar dem (nicht im Umgang mit Computern vertrauten) Fachmann Erstaunen abringt.

Denn es ist schon ein Schritt, ob ein System den zahlentheoretischen Satz

"Es gibt unendlich viele Pythagoräische Tripel mit der Eigenschaft:

$x^2 + y^2 = z^2$ , $x, y, z$ ganze Zahlen",

versucht, durch Nachrechnen zu beweisen (wobei es natürlich nie fertig wird), oder nach einigem Zögern ausgibt:

**Gibt es pythagoräische Tripel? Bitte Eingabe:**

Wir tippen ein: **3, 4, 5**

und erhalten als Antwort:

**Es gibt unendlich  viele pythagoräische Tripel:**

$(3 \cdot n)^2 + (4 \cdot n)^2 = (5 \cdot n)^2$ , **für alle ganzen Zahlen n.**

Gewöhnen wird man sich auch bald an die Eigenheit der Roboter, den Arbeitsablauf mitzuverfolgen. Vor einigen Jahren erfand eine Arbeitsgruppe am MIT (Massachusetts Institute of Technology) die Klötzchenwelt für Roboter. Sie bestand

aus Klötzchen verschiedener Größen und Formen. Der Roboter führte Arbeits-
aufträge aus wie z. B. :

**Setze die blaue Pyramide auf den roten Quader.**

Wenn dann als nächster Befehl folgte:

**Nimm den roten Quader und setze ihn auf den grünen Quader.**

so antwortete das Programm, indem es die Arbeitsvorgänge rekonstruierte:

**Nicht möglich, denn die blaue Pyramide sitzt auf dem roten
Quader.**


Was vor einigen Jahren noch als Errungenschaft der 'Artificial Intelligence'-
Forschung publiziert wurde, erscheint heute als leicht faßbare und erwünschte
Arbeitsunterstützung an einem Mensch-Maschine-Arbeitsplatz.

Die Entwicklung von taktilen, akustischen und optischen Sensoren setzt eine
Entwicklung in Gang, die man als **Nachbildung der geschickten
(intelligenten) Hand** bezeichnen könnte.

Die Rückkopplung zwischen Sensor und Robotermanipulator führt zur **adaptiven
Steuerung**, wie wir sie im Zusammenspiel von Hand, Auge und Tastsinn
beobachten können. Diese Art der Steuerung eines Roboterarms könnte dann auch
den Durchbruch bringen für eine leichtere Bauweise des Roboters, so daß wir uns
in Zukunft die Roboter nicht mehr nur als schwere und mechanisch steife
Konstruktionen vorzustellen brauchen.


Eine übergreifende Definition des Begriffs 'Artificial Intelligence' existiert trotz der
großen Fortschritte auf allen ihren Forschungsgebieten nicht."Artificial
Intelligence' ist immer das, was noch nicht programmiert wurde", ist deshalb die
lakonische Antwort der Entwickler auf die Frage, was eigentlich der Gegenstand
ihrer Wissenschaft sei.

Doch ist ganz klar, daß die Entwicklungsrichtung zur intelligenten Maschine geht.
Roboterfahrzeuge auf dem Mond, Mars und Meeresboden waren der Beginn einer
Entwicklung, die dem menschlichen Bedürfnis nach Sicherheit und geschicktem
Verhalten 'vor Ort' nachkommt. Oder warum sollte der Bergbau, der Abbruch von
radioaktiven Ruinen, die Innenuntersuchung von Rohrsystemen nicht durch solche
Gesellen wahrgenommen werden? (vgl. dazu (4))

## 1.2 Was ist ein Roboter?

Der Roboter der Science-fiction-Literatur ist **Arbeitsroboter oder Android.** Der **Arbeitsroboter** schafft die materielle Basis für die im All kreuzenden Helden und Raumschiffe. In vollautomatisierten Fabriken leistet er die Frondienste. Der **Android** dagegen ist ein Partner des Menschen, sein privater Rechner, sein Gedächtnis, seine unerschöpfliche Wissensbasis, sein Kommunikationssystem, sein Steuermann im überlichtschnellen Raumschiff.

Beide Roboterformen nehmen heute Gestalt an.

Der androide Roboter, Androbot, wurde populär durch Daniel Düsentriebs 'Helferlein' und durch die Starwars-Helden R2-D2, C-3-PO, dargestellt von den Schauspielern Kenny Baker und Anthony Daniels. Für den Markt zum Leben erweckt wurde der Androbot durch die Idee des Personal-Robot, der zunächst in Form eines Heinzelmännchens im Haushalt eingesetzt werden soll. Wenn auch zunächst nur als Partygag, wird er doch bald seine Nutzung finden.

Wir werden uns jedoch mit dem Arbeitsroboter, kurz Roboter oder Industrieroboter, beschäftigen, - auch wenn man zugeben muß, daß die Beschäftigung mit dem Androbot mehr Vergnügen machen würde. Und wir hoffen, daß mit diesem Büchlein in mancher Garage ein fröhliches Basteln anhebt und daß Daniel Düsentrieb's Helferlein bald Wirklichkeit wird.

**Der VDI (Verein Deutscher Ingenieure, VDI 2860, 1981) definiert den Industrieroboter folgendermaßen:**
**"Industrieroboter sind**
**-universell einsetzbare Bewegungsautomaten mit mehreren Achsen,**
**-deren Bewegungen hinsichtlich Bewegungsfolge und Wegen bezie-**
**  hungsweise Winkeln frei programmierbar und**
**-gegebenenfalls sensorgeführt sind.**
**Sie sind mit Greifern, Werkzeugen oder anderen Fertigungsmitteln aus-**
**  rüstbar und**
**-können Handhabungs- oder andere Fertigungsaufgaben ausführen."**

In dieser Definition finden die Abgrenzungen zu anderen Fertigungssystemen statt. "Bewegungsautomat" soll den Roboter von den Maschinen abgrenzen, deren Hauptaufgabe die formgebende Arbeit ist, wie z. B. die programmierbare Fräse oder Stanze.

Die Bewegungen des Roboters sollen frei programmierbar sein. Dies unterscheidet ihn von Maschinen, deren Programme durch mechanische Änderungen entstehen, z. B. durch mechanisch gesetzte und ausgelöste Schalter zur Begrenzung von Arbeitswegen des Werkzeugs. Als Äquivalent für diese mechanischen Begrenzungen hat der Roboter Wegemeßsystem und Endabschaltungen. Sensoren dienen zur Gewinnung von Information über das Werkstück und über den Zustand des Bewegungsapparats des Roboters.

Beweglichkeit auf mehreren Achsen in Längsrichtung und in Drehung wird gefordert. Die Anzahl ist in der Definition jedoch offen gelassen.

Ein weiteres Charakteristikum ist der Werkzeugwechsel. Ein Roboter kann mit beliebigem Werkzeug ausgerüstet werden, - wenn das auch mit erheblichem Programmieraufwand verbunden sein kann. Die Abgrenzungen zwischen Industrieroboter und anderen intelligenten Maschinen werden sicher zunehmend schwieriger werden, da sich viele Maschinen des Industriestandards zur elektronischen Steuerung mit immer mehr Werkzeug- und Materialintelligenz hin bewegen.

In Bild 1.1 wird die Unterscheidung der Bewegungssysteme nach der VDI-Definition gegeben.

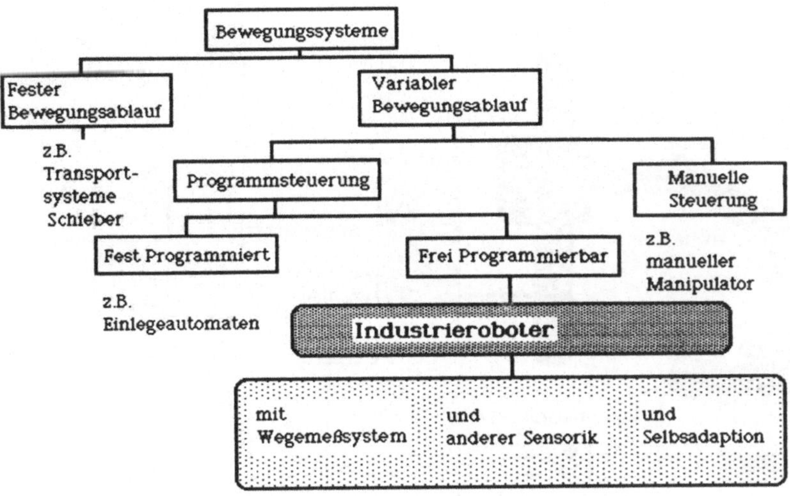



Bild 1.1  Bewegungssysteme nach VDI-Definition

Das Buch wird sich nun im weiteren mit dem typischen Industrieroboter, also frei programmierbaren Bewegungssystem mit Wegemeßsystem und Sensorik, befassen. Und selbstverständlich werden wir auch einige der üppig sich entwickelnden Varianten des Bewegungssystems besprechen.

Das Bild 1.2 zeigt den typischen Industrieroboter in seiner engsten organisatorischen Umgebung. Es zeigt, daß die Komplexität der Wirklichkeit ordentlich reduziert werden muß, um die Frage:
**"Wie funktionieren Roboter?"**
leicht verständlich zu beantworten.

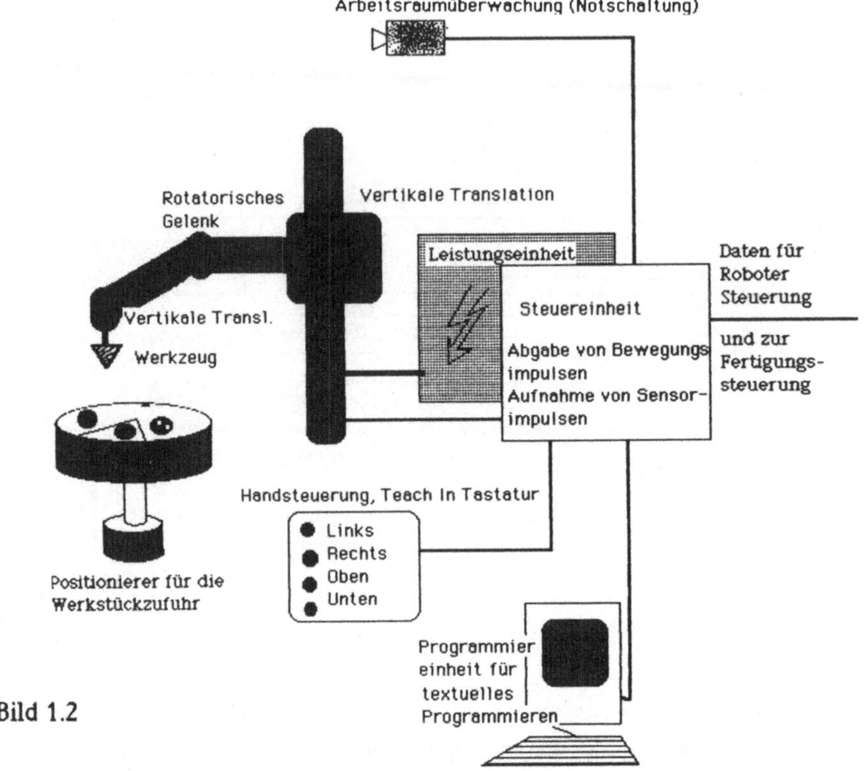


Bild 1.2

## 1.3 Veränderungen in der Produktionstechnik

### 1.3.1 Innovationsschübe für die Produktion

Unser industrielles Zeitalter ist geprägt von Produktivitätssteigerungen, die ihre Ursache in verschiedenen Innovationen haben.

Energietechnik, Materialtechnik, Informationstechnik, Biotechnik: Bezeichnungen für Produktionsverfahren, die ihrer Zeit und dem jeweiligen Investitions- und Konjunkturzyklus ihr Charakteristikum verliehen.

Die neuen Techniken müssen natürlich als jeweils die vorangehenden Techniken multiplizierend verstanden werden. Jede neue Technik nützt vorhandene Techniken, jede alte Technik kann durch die neuen Verfahren ersetzt oder verbessert werden.

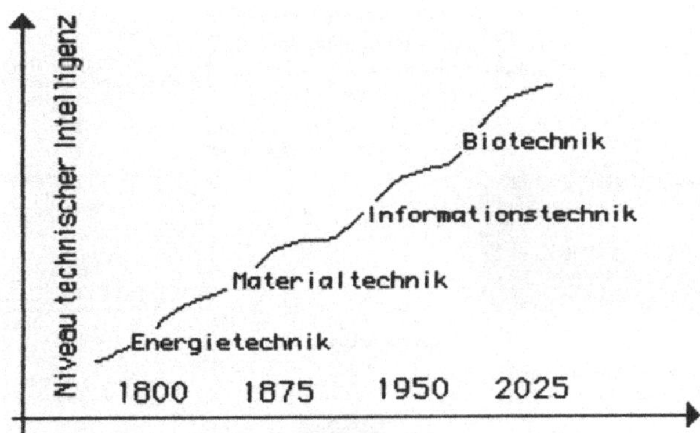


Bild 1.3  Industrieller Entwicklungszyklus

Jede neue Produktionstechnologie entwickelt sich in Phasen von Erfindung über Innovation zur durchgesetzten und allgemein üblichen Form der Technik. Die **Roboterisierung** der Produktion erscheint in der Graphik der industriellen Entwicklungszyklen (Bild 1.3) nicht als neues Element. Sie wird vielmehr als **Reifung der Arbeitsmaschine** aufgefaßt, die durch den echten Innovationsschub der Informationstechnik zur Vollendung kommt.


## 1.3.2 Flexible Fertigungssysteme

Die Auffassung des Betriebes als Organisation, die **Material- und Informationsströme** zu bewältigen hat, bringt ins Blickfeld, daß Verwaltung, Entwicklung und Produktion miteinander informatorisch verknüpft werden müssen.

Die Fertigung in modernen, kundennahen und marktreagiblen Unternehmen erfordert rasche Anpassung an die Art und den Umfang der Nachfrage und die Gewährleistung hoher Qualität. Dies setzt einen Datenfluß von Firmenleitung und Management zur Fertigungsplanung und Fertigungssteuerung voraus.

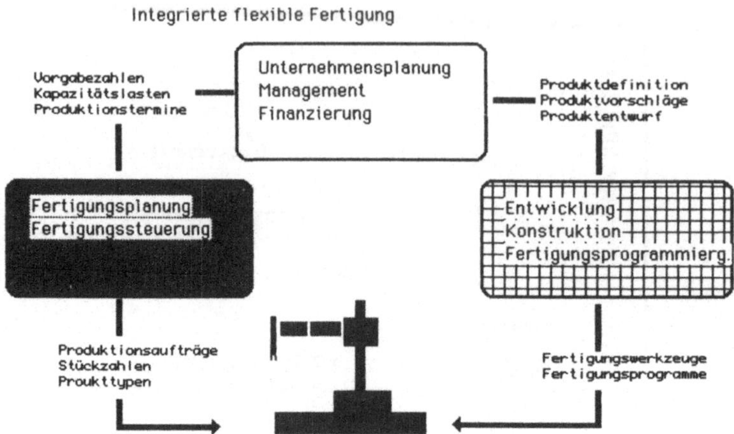



Bild 1.4  Integrierte flexible Fertigung

Wie die Graphik in Bild 1.4 zeigt, geht die **integrierte und flexible Fertigung (CIM =** Computer Integrated **Manufacturing)** noch weiter. Sie integriert die Produktentwicklung, also Produktplanung, Produktdefinition und Gestaltung, mit der Fertigung.

Durch den Einsatz von Industrierobotern kann die Produktentwicklung nunmehr auch die Produktion sehr direkt mit vorbereiten; denn programmierbare Maschinen stehen zur Ausführung von Produktionsaufträgen zur Verfügung. In Zukunft wird, je nach Integrationsgrad, mit der Konstruktion auch bereits die Programmierung der Werkzeugmaschine oder des Roboters vorbereitet oder erledigt.

Natürlich wird dieser Prozeß nicht ohne Rückwirkung auf die Entwicklungsarbeit selbst sein; denn Roboter setzen für ihre verschiedenen Aufgabengebiete jeweils Randbedingungen (z. B. durch ihre eingeschränkte Beweglichkeit), die bereits als Prinzipien in die Konstruktion eingehen müssen. Es ist also sicher ein Fehler zu glauben, das computerunterstützte Graphik-System **(CAD =** Computer **A**ided **Design)** ersetze lediglich den Vorgang der technischen Zeichnung.

Über die Erzeugung geeigneter **Datenschnittstellen** wird in Zukunft mit dem Entwurf am Bildschirm im CAD-System auch die Werkzeugmaschinenprogrammierung oder die Roboterprogrammierung erledigt sein.

Die Betrachtung dieser Zusammenhänge zeigt, daß in Zukunft die Zusammenarbeit von Konstrukteur und Facharbeiter sicher stark verändert wird; denn der rasche Wandel in den Fertigungstechniken verhindert, daß entsprechende Ausbildungsberufe entstehen und mithin handwerkliche Vorerfahrung zur Verfügung steht, auf die der Ingenieur zurückgreifen könnte. Deshalb muß in Zukunft mit dem neuen Werkteil auch das **roboterhandhabbare Werkzeug** mitentworfen werden. Und das neue Werkteil muß so ausgelegt werden, daß **automatische Zubringung und Robotmontage** möglich ist.

Praktische Erfahrungen mit hochintegrierten flexiblen Fertigungen wurden bei Konstruktion und Produktion von Speicherbausteinen gemacht. Die **Praxisbewährung** ist so ausgezeichnet, daß sich für die Zukunft Ingenieurleistungen von bisher nicht gekannter Komplexität erwarten lassen. Anreicherungen künstlicher Intelligenz in den konstruktionsunterstützenden Computersystemen erleichtern dem Ingenieur den Entwurf neuer Systeme und sichern die Stimmigkeit von Entwicklungen im Team.

## 1.4 Die Roboter-Arbeitskraft

Der Mensch hat immer schon Maschinen zur Vergrößerung seiner Möglichkeiten konstruiert. Maschinen, die seine Kraft erhöhten, wie Hebel und Erdbewegungsmaschinen, seine Beweglichkeit vergrößerten, wie Rad oder Flugzeug, seine Sinne verstärkten, wie Linse und Radioantenne, und seine Intelligenz unterstützten, wie Rechenschieber oder programmierbarer Computer.
Der Industrieroboter ist ein Versuch, eine Maschine zu konstruieren, die den **Menschen als Arbeitskraft** durch eine Kombination von Sensorik, Intelligenzkomponenten und den mechanischen Vorzügen der Maschine nachahmt und ersetzt.

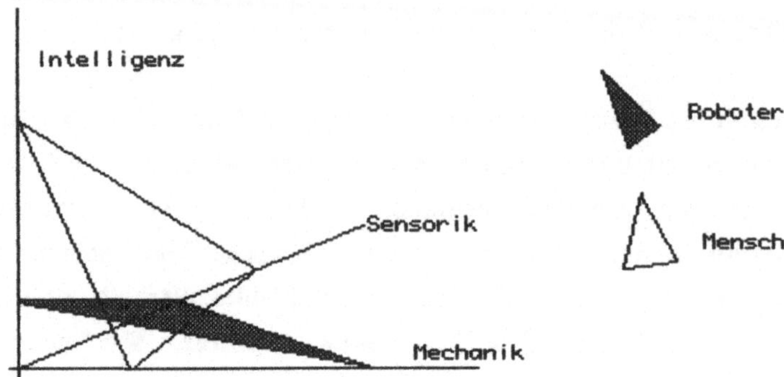


Bild 1.5  Mensch und Roboter in der Produktion

In Bild 1.5 ist die Dimension **Mechanik** eine Zusammenfassung von Ausdauer, Massenbelastbarkeit, Geschwindigkeit und anderweitiger Belastung. Sondermaschinen wären auf dieser Achse sehr viel weiter rechts einzuordnen.

Im Gegensatz zur momentanen Situation, wie sie Bild 1.5 zeigt, ist in der Dimension **Sensorik** nach unserer Einschätzung die künstliche Sensorik auf lange Sicht der menschlichen überlegen. Dies gilt auf jeden Fall für Bereiche, in denen der Mensch keine Wahrnehmungsorgane entwickelt hat, wie z. B. für elektrische und magnetische Felder, oder in denen die Grenzen seiner Sinnesorgane überschritten werden, wie z. B. bei hohen oder tiefen Temperaturen, Ultraschall, etc. Natürlich gilt die obige Aussage am wenigsten für die Wahrnehmungen des Auges, gepaart mit den phantastischen Muster- und Situationserkennungsfähigkeiten des Gehirns.

Die Dimension **Intelligenz** bezieht sich auf die einfachen Formen der Intelligenz, wie sie zur Durchführung standardisierter Produktionsaufgaben erforderlich ist. Bei den heute üblichen Industrierobotern sind die Intelligenzkomponenten noch völlig unterentwickelt. Wünschenswerte Intelligenzkomponenten wären z. B. adaptive Steuerung, Mustererkennung und 'Griff in die Kiste', Beachten von Arbeits- und Schutzzonen, dynamische Reaktion auf Betriebsablaufstörungen.

## 1.5 Derzeitiger Stand des Einsatzes von Industrierobotern

Die Anzahl der Industrieroboter befindet sich in der BRD in einer Phase exponentiellen Wachstums. Dies kann man dem Diagramm in Bild 1.6 entnehmen. Dies ist umso bemerkenswerter, als die typischen Maßnahmen zur Beschleunigung des Produktabsatzes, wie Miniaturisierung und Anwendungen auf den Endverbrauchermarkt und das Dienstleistungsgewerbe, noch gar nicht in Angriff genommen wurden.

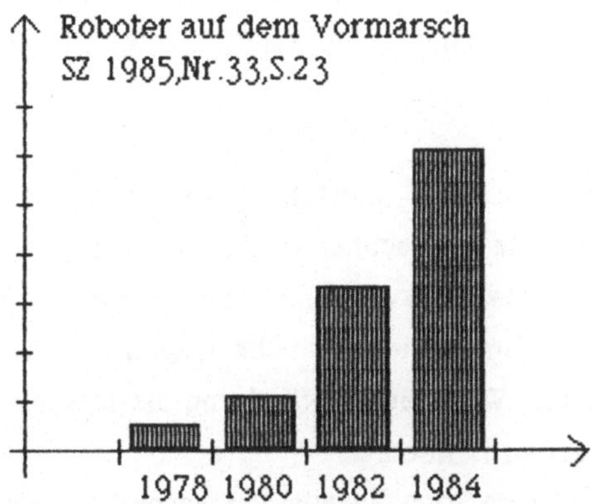


Bild 1.6  Eingesetzte Industrieroboter in Deutschland, Skala in 1000

Die klassische Roboterindustrie entwickelt ihre Produkte ausschließlich für die industrielle Fertigung und gehört damit zur typischen Investitionsgüter-Industrie. Die junge Roboterindustrie, die die Miniaturisierung und den Endverbraucher im Visier hat, ist noch 'draußen in den Garagen', wie es in Kalifornien heißt. Doch ob Kalifornien auch diesmal den fruchtbareren Boden hat, oder ob die japanische Industrie oder der schwäbische Tüftler die Nase im Wind haben, ist noch offen.

Doch sagen die absoluten Zahlen für sich noch nicht, in welche Richtung die Entwicklung geht. Es ist deshalb interessant, Zahlen zu sehen, die zeigen, bei welchen Fertigungsaufgaben in der Produktion die Roboter herangezogen werden. Hier ist zu bemerken, daß die prozentuale Verteilung auf die verschiedenen Einsatzgebiete sehr unterschiedlich ist.

**Anwendung:**

| Werkzeughandhabung | | Werkstückhandhabung | |
| --- | --- | --- | --- |
| **Schweißen** | 50% | **Pressen/Schmieden** | 4% |
| **Montage** | 5% | **Druck/Spritzguß** | 3% |
| **Sonstige** | 3% | **Werkzeugmasch.** | 7% |
| **Beschichten** | 12% | **Sonst. Handhabung** | 16% |

Die Verteilung der Anwendungen bestätigt die oben festgestellte sehr zögernde Hinwendung an den Verbraucher. Hauptanwendung ist mit Abstand das Schweißen.

Man sieht, daß die Entwicklung zunächst die **Handhabung schwerer Werkzeuge** oder den Ersatz menschlicher Arbeitskraft an **gesundheitlich unzuträglichen Arbeitsplätzen** favorisiert. Aber es ist ein Trend erkennbar, dem Roboter auch Montagefunktionen zu übertragen, so daß im Laufe der Entwicklung Werkstück- und Werkzeughandhabung als integrierte Funktion von Robotern übernommen werden können.
Doch ist hier noch ein gewaltiges Stück Entwicklungsarbeit zu leisten, insbesondere da auch die technische Forschung in der Sensorentwicklung, die Voraussetzung ist für den 'Griff in die Montagekiste', die Probleme nur langsam in den Griff bekommt. Denn der Fortschritt auf diesem Gebiet liegt nicht nur in der Elektronik und Informatik, sondern auch in der Entwicklung neuer Werkstoffe und neuer Mechanik.

## 1.6. Arten von Industrierobotern

Die derzeit häufigste Roboterform ist der **Standroboter**. Er ist auf einer Grundplatte fest montiert. Seine Reichweite ist durch die Ausladung seiner Arme bestimmt.

Eine Variante des Standroboters ist der **Portalroboter**. Hier ist der Roboter nicht am Boden befestigt, sondern an einer Seitenwand oder an der Decke. In der Regel wird für den Portalroboter ein Tragegerüst bereitgestellt. Auf dort montierten Laufschienen kann der Roboter zu seinem Arbeitsraum verfahren werden.

Werkfoto: KUKA Schweißanlagen + Roboter GmbH, Standroboter

Eine andere Unterscheidung geht von der Zahl der **steuerbaren Roboterachsen** aus. Zwar hat jeder Körper im Raum nur 6 Freiheitsgrade der Bewegung, 3 translatorische und 3 rotatorische, doch kann die Zahl der steuerbaren Achsen 6 auch übersteigen. Wenn beispielsweise ein Portalroboter, der im Prinzip ein sechsachsiger Standardindustrieroboter ist, zusätzlich steuerbar in seiner Aufhängung verfahren werden kann, so kann man diese zusätzliche translatorische Bewegung als weitere Achse zählen. Wesentlich schneller wächst die Achsenzahl, wenn vielgelenkige Arme betrieben werden, die rüsselähnliche Bewegungsmöglichkeiten aufweisen.

Der **Bewegungsroboter** ist ein Roboter, der sich sensorgesteuert und programmiert in einer gewissen Umgebung bewegt und seine Tätigkeiten ausführt. Erste Exemplare wurden für die Raumfahrt konstruiert.
Neuerdings gibt es auch die kalifornischen **Androbots** für den Heim- und Hobbymarkt, und es wird nicht mehr lange dauern, bis Staubsauger und Treppenreinigungsmaschinen sensorgesteuert ihre Aufgaben verrichten. Dabei ist dort eine interessante Weiterentwicklung der **Mensch-Maschine-Kommu nikation auf umgangssprachlicher Ebene** zu beobachten.
Natürlich ist auch die Entwicklung von geeigneten **Fortbewegungstechniken** für den Maschinenbau eine ungeheure Herausforderung. Die ersten jetzt entwickelten Produkte sind Weiterentwicklungen von herkömmlichen Radfahrgestellen oder Raupenfahrzeugen, aber auch sechs- oder mehrbeinige insektenähnliche Konstruktionen sind vorgestellt worden.

Der wichtigste Schritt vom sechsachsigen Standroboter zum Bewegungsroboter ist die Entwicklung und Beherrschung von Sensortechniken. Der bloße Maschinenbau, der den Roboter als Problem der Präzisionsmechanik begreift, wird den neuen Anforderungen sicher nicht gerecht werden.

Für den Anwender interessant ist die **Reichweite des Roboters** und in Relation dazu **das Volumen des Roboters.** Natürlich soll der Bewegungsraum möglichst groß, das Volumen des Roboters möglichst klein sein, weil ja in der organisatorischen Umgebung des Roboters auch noch die Positioniereinrichtungen für Werkzeug und Material Platz finden müssen.

Die Größe des Bewegungsraumes ist nicht zuletzt ein Problem der **mechanischen Qualität** des Roboters, denn mit größerer Ausladung steigt bei konstruktionsbedingt gegebenem Positionierfehler der Achsen die Punktabweichung des Werkzeugaufpunktes vom angegebenen Sollwert an. Zu dem **statischen Positionierproblem** kommt das dynamische der **Wiederholgenauigkeit** der Bewegungen. Denn schließlich soll ja die ganze Schicht ohne Neujustierungen des Roboters gefahren werden können.

Weiterhin werden Roboter durch die **Geometrie ihres Arbeitsraums** unterschieden. Der Arbeitsraum eines Roboters ist die Menge aller Punkte, die der Werkzeugaufpunkt erreichen kann. Es handelt sich beim Standroboter um kugel-, kegel- oder zylinderförmige Volumina (vgl. Bild 1.7), aus denen gewisse Volumina herausgenommen sind, weil sie der Roboter auf Grund mechanischer Endstellungen in den Gelenken nicht erreichen kann. Aus sicherheitstechnischen Gründen kann man softwaremäßig auch **Sicherheitszonen** aus dem Arbeitsraum herausschneiden, in die sich der Roboterarm mit keinem Teil hineinbewegen darf, wenn er den Werkzeugaufpunkt zwischen zwei Raumpunkten bewegt.

Eine für den Betriebsablauf wichtige Unterscheidung von Roboterarten bezieht sich auf ihre **Programmierbarkeit** und ihre **Art, den Werkzeugaufpunkt zu steuern**. Die gegenwärtig üblichste Programmierart ist die des 'Teach in'. Gesteuert über ein Bedienfeld fährt der Roboter in seine Arbeitsposition. Diese wird mitsamt der dort auszuführenden Werkzeugaktion gespeichert. Eine andere Art des Teach in ist die der **Werkzeugführung**. Der Roboterarm wird vom Bediener zu den Arbeitspunkten geführt. Die Steuereinheit nimmt dabei den Bewegungsablauf und die Werkzeugaktionen mit auf.
In der Arbeitsphase führt in beiden Fällen die Steuereinheit den Roboterarm und das Werkzeug in ständiger Wiederholung. Im wesentlichen werden bei der Bewegungsausführung die **Punkt zu Punkt**- und die **Bahnsteuerung** unterschieden. Sie werden später eingehender erklärt. Die sensorgeführte, **selbstadaptive Steuerung** ist ein weiterer derzeit in Entwicklung begriffener Steuerungstyp.

Bild 1.7 Beispiele von Arbeitsräumen von Standrobotern

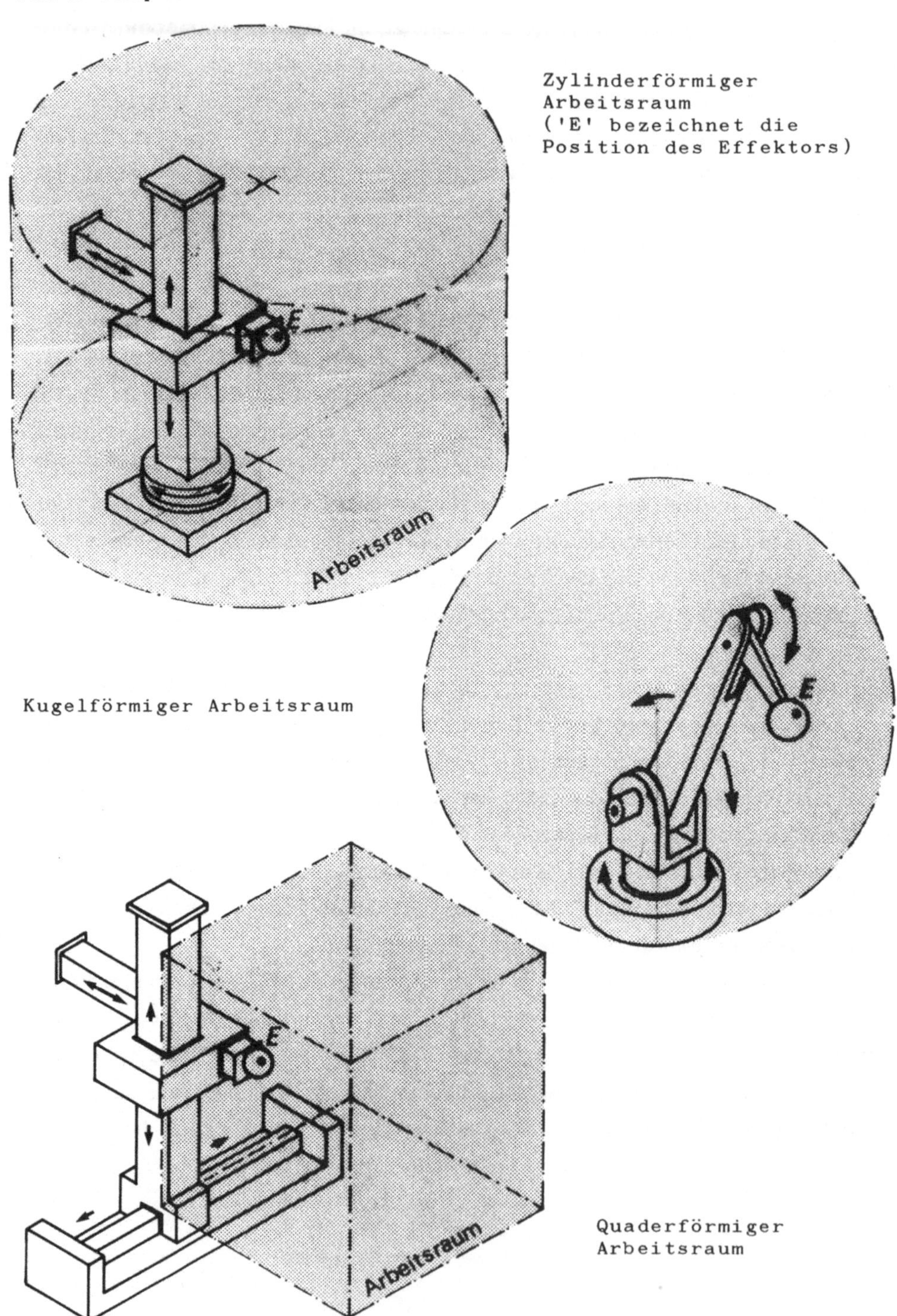

# 2. Grundprinzipien der Robotersteuerung

Dieser Abschnitt gliedert sich in die Schwerpunkte:
  - **Mechanik**
  - **Koordinatensysteme und Transformationen**
  - **Roboterbewegung und Steuerungsarten**
  - **Programmierung**
  - **Reale Welt und Modellwelt**

Am Beginn jedes dieser Teile steht eine Zusammenfassung. Um einen ersten Einblick in die Inhalte dieses grundlegenden Abschnitts und eine gewisse Vertrautheit mit den Begriffen und der Problematik zu gewinnen, wird zunächst ein Lesen dieser Zusammenfassungen empfohlen. Dem nur am Prinzipiellen interessierten Leser mag dies genügen - der Detailinteressierte erleichtert sich den Zugang.

In der Roboterphysik sind Kinematik, Statik, Dynamik und Sensorik von zentraler Bedeutung. Die **Kinematik** betrachtet Positionen, Geschwindigkeiten und Beschleunigungen. In der **Statik** spielen Begriffe wie Hebel, Biege-, Drehmoment, Steifigkeit und Torsion eine wichtige Rolle. Die **Dynamik** untersucht die bei der Roboterbewegung auftretenden Kräfte und deren Auswirkungen (z. B. Antriebskräfte, Trägheit, Reibung, Vibrationen). Dabei ist es bemerkenswert, daß die Vernachlässigung von Zentrifugal- und Corioliskräften bei sehr schnellen Bewegungen zu nicht behebbaren Genauigkeitsfehlern in der Robotersteuerung führt, wie es von John M. Hollerbach in (10) berichtet wird. Die **Sensorik** schließlich beschäftigt sich mit der Entwicklung von "Sinnesorganen" für Roboter, die auch bei komplizierteren Aufgaben einen Robotereinsatz ermöglichen.
Erkenntnisse aus Statik, Dynamik und Sensorik dienen dazu, die Realisation der momentanen Sollwerte der kinematischen Parameter möglichst effektiv und präzise zu gewährleisten. Die Sensorik steht dabei in stürmischer Entwicklung, jedoch haben in den meisten Fällen Laborergebnisse noch keinen Eingang in die industrielle Praxis gefunden. Moderne Sensoren, vor allem visuelle Systeme, erfüllen neben der Kontrolle der kinematischen Parameter auch höherwertige Aufgaben - sie ermöglichen z. B. die Interaktion des Roboters mit der Umwelt. Darauf werden wir unter 2.5 näher eingehen.

Da wir keine Roboter konstruieren, sondern nur das Prinzipielle und die funktionalen Zusammenhänge kennenlernen wollen, beschränken wir uns im wesentlichen auf die Behandlung der Kinematik.

## 2.1 Mechanik

Zusammenfassung

**Ein Industrieroboter besteht aus der Steuerung, der Leistungselektronik und dem Manipulator. Der Manipulator ist der mechanische Anteil des Roboters und wird jetzt näher betrachtet. Im wesentlichen besteht er aus Körper, Oberarm, Unterarm und Hand und ist im allgemeinen in 5 - 6 voneinander unabhängigen Achsen beweglich. Jedem an der Hand zu befestigenden Werkzeug wird ein ausgezeichneter Punkt, der Tool Center Point (TCP), zugeordnet. Alle vom TCP erreichbaren Punkte bilden den Arbeitsraum.**

Ein klassischer Industrieroboter (IR) ist ein stationäres Modell, dessen ausführender Teil, der Manipulator, stehend oder auch hängend (Portalroboter) verwendet wird. Der Manipulator, also der Teil des IR, der als "eigentlicher Roboter" betrachtet wird, besteht in der Regel aus Körper (Schulter), Oberarm, Unterarm und Hand. Er soll nun anhand eines stellvertretenden gedachten Modells etwas näher betrachtet werden:

Der **Körper** ist um die Körperachse, die bezüglich des Untergrunds unbeweglich ist, um einen Winkel von in der Regel nicht ganz 360 Grad frei drehbar. Er trägt den **Roboterarm** und ist über das **Schultergelenk** mit dem **Oberarm** verbunden. Am anderen Ende des Oberarms ist über das **Ellbogengelenk** der **Unterarm** befestigt, an den über das **Handgelenk** die **Hand** angekoppelt ist.
An der Hand können verschiedene auswechselbare **Effektoren** (Werkzeuge, Schweißzangen, Sprühgeräte, etc.) befestigt werden.

Für die Bewegung von Körper, Oberarm und Unterarm ist je ein Motor, für die Hand sind zwei Motoren zuständig. Die Hand kann auf und ab geschwenkt und zusätzlich gedreht werden. Jedes Teil kann mit gewissen Einschränkungen unabhängig von den anderen Teilen bewegt werden. Diese Einschränkungen hängen ab von der Geometrie aller Teile, der momentanen gegenseitigen Lage und den Besonderheiten der Antriebs- und Gelenkmechanismen. Unser Roboter hat also 5 Freiheitsgrade. Genauer gesagt: Er hat 5 **rotatorische Freiheitsgrade**. Verursacht ein Motor eine Bewegung des Roboters (etwa längs der Körperachse) oder eines Teils davon (etwa des Unterarms) längs einer Geraden, so sprechen wir von einem **translatorischen Freiheitsgrad**. Die üblichen Industrieroboter besitzen 5, meist 6, überwiegend rotatorische Freiheitsgrade.

Bild 2.1

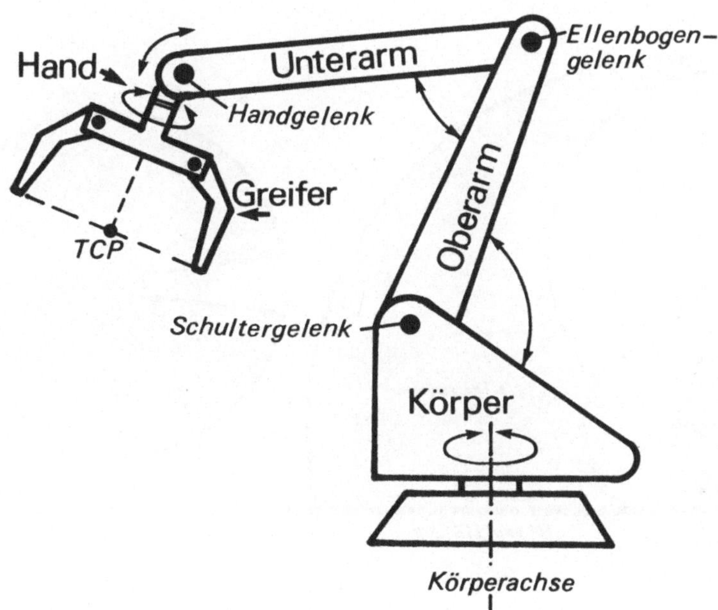

Wir wollen nun den Begriff **Arbeitsraum** erläutern:

Jedem Effektor wird ein ausgezeichneter Punkt zugeordnet, den man **Tool Center Point (TCP)** nennt. Der TCP ist bezüglich der Hand fixiert, und seine Lage wird durch die Art und Funktion des Werkzeugs bestimmt. Bei einem zweifingrigen Greifer wird man den TCP etwa wie in Bild 2.1 gezeigt definieren, bei einer Schweißzange z. B. als Mittelpunkt zwischen den beiden Elektroden. Als Arbeitsraum wollen wir nun die Menge aller Punkte des Raumes verstehen, an denen sich der TCP bei der Bewegung des Arms befinden kann. Der Arbeitsraum ist von der Lage der Körperachse abhängig und ändert sich entsprechend, wenn die Körperachse bewegt wird. Form und Größe des Arbeitsraumes werden von den bereits erwähnten Einschränkungen in der Beweglichkeit der Roboterteile bestimmt. Wir wollen uns dies an einem Beispiel verdeutlichen:

Bild 2.2 (a), (b)

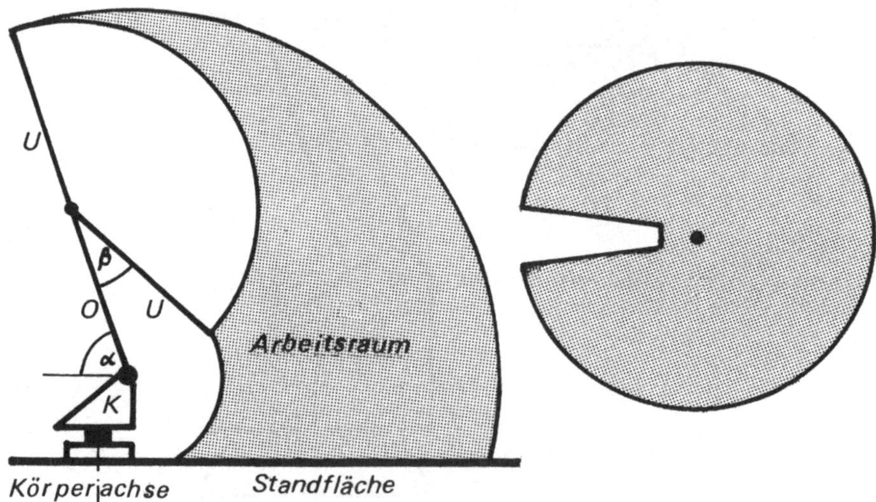

Gehen wir vereinfachend davon aus, daß sich der TCP am Ende des Unterarms U befindet. Der Roboterarm möge in seiner Beweglichkeit etwa einem menschlichen Arm gleichen, d. h. der Oberarm O kann nicht mehr als es dem Winkel $\alpha$ ($\approx 75°$) entspricht, "nach hinten" bewegt werden. Der Maximalwinkel des Unterarms bei "völliger Streckung" relativ zum Oberarm sei $\beta = 180°$, der Minimalwinkel bei maximaler Beugung $\beta \approx 25°$. Offensichtlich ergibt sich dann die schraffierte Fläche in Bild 2.2 (a) als Querschnittsfläche des Arbeitsraumes. Der gesamte Arbeitsraum ergibt sich, wenn man diese Fläche um die Körperachse durch den Körper K rotieren läßt. Aus diesem **Rotationskörper** ist dann noch eine "halbierte Orangenspalte" herauszuschneiden, dem Umstand entsprechend, daß keine volle 360°-Drehung um die Körperachse möglich ist. In der Projektion auf die Standfläche ergibt sich dann in etwa die Figur, wie sie in Bild 2.2 (b) (nicht maßstabsgetreu) dargestellt ist. Die Begrenzungsflächen des Arbeitsraumes werden aus Teilen von Ebenen und Kugeloberflächen gebildet.

Sämtliche Motoren für die Bewegung der einzelnen Gelenke sind zwar unabhängig voneinander steuerbar, jedoch ist in einigen Fällen eine abhängig erzwungene Bewegung von Ellbogen- oder Handgelenk erwünscht. Das ist der Fall bei Roboterarmen, bei denen das sogenannte **Parallelprinzip** realisiert ist. Dabei behalten sowohl der Unterarm als auch die Hand mit dem Effektor ihre momentane Orientierung bezüglich der Standfläche bzw. der Körperachse, solange die zugehörigen Motoren nicht in Betrieb sind.
Das kann z. B. dann sehr von Vorteil sein, wenn ein Werkzeug, das an der Hand befestigt ist, stets in einem bestimmten Winkel zu einer vorgegebenen ebenen Fläche geführt werden soll - etwa senkrecht beim Bearbeiten einer Materialoberfläche. Nach einmaligem Einrichten der Handstellung behält die Hand dann während des gesamten Arbeitsablaufes ihre Orientierung bei - unabhängig von den Bewegungen von Oberarm und Unterarm. Wir wollen uns die Funktion des Parallelprinzips schematisch klarmachen (siehe Bild 2.3):

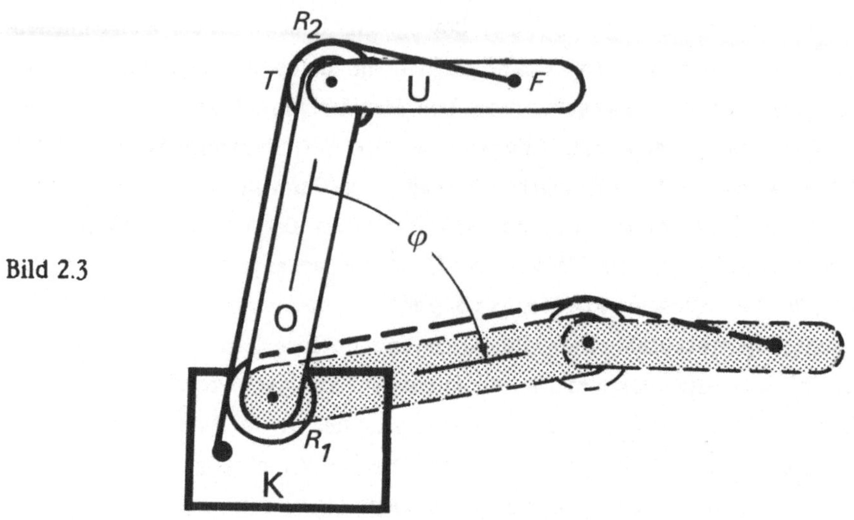

Bild 2.3

Ein Stahlseil (oder ein Zahnriemen) ist an einem Ende am Körper K befestigt, wird über zwei Rollen R1 und R2, die auf den Gelenkachsen des Oberarms O sitzen, zum Unterarm U geführt und ist dort mit dem anderen Ende bei F fixiert. Eine Drehung des Oberarms um den Winkel $\varphi$ würde bei einem Gummiseil eine Verlängerung um den Betrag $r\cdot\varphi$ bewirken, wenn die Stellung des Unterarms relativ zum Oberarm gleich bliebe (r ist dabei der Radius der Rollen). Bei einem längenkonstanten Stahlseil wird daher eine Verkürzung des Seilweges zwischen T und F um denselben Betrag $r\cdot\varphi$ erzwungen, was bei gleichen Radien der Rollen R1 und R2 eine Drehung des Unterarms bezüglich des Oberarms um den Winkel $-\varphi$ bedeutet. **Der Unterarm wird also parallel verschoben**. Völlig analog ist der Sachverhalt bei Unterarm und Hand.

Eine andere Möglichkeit, bei der allerdings die Beweglichkeit meist geringer und der Arbeitsraum kleiner ist, dafür aber die mechanische Stabilität verbessert wird, besteht in einer **direkten Parallelogramm-Konstruktion** (→ Bild 2.4):

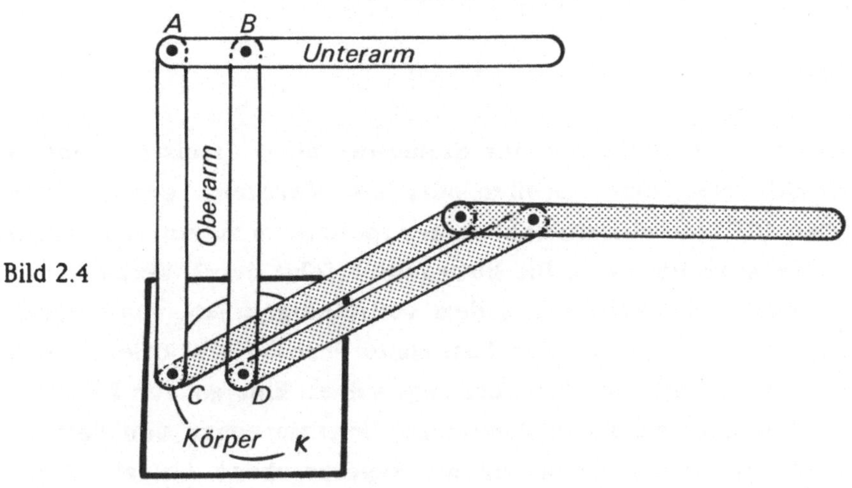


Bild 2.4

Die Bewegung basiert hierbei auf einer Viergelenkskonstruktion ABCD - der Oberarm besteht aus zwei Teilen. Wird nur der Oberarm im Schultergelenk D gedreht und der Punkt C fixiert, so wird durch die Konstruktion eine Parallelverschiebung des Unterarms erzwungen. Eine Veränderung der Orientierung des Unterarms erfolgt durch entsprechende Positionierung von C auf der Kreisbahn K.

Mechanische Toleranzen bedingen, daß die Parallelität bei der Verschiebung fehlerbehaftet ist, so daß nur bei Arbeiten mit eher geringeren Präzisionsanforderungen auf Nachkorrekturen verzichtet werden kann.

Im Hinblick auf den funktionssicheren Betrieb von Industrierobotern in der Praxis sind, was die Mechanik betrifft, noch sehr viele Dinge von Bedeutung. Da sind etwa die Gelenkkonstruktion, die Übersetzungs-/Untersetzungsmechanismen, der statische Ausgleich, abhängig von Ausladung und Last, oder die Bremsanlage zu nennen. Der Zielsetzung des Buches entsprechend wollen wir darauf nicht eingehen.

## 2.2 Koordinatensysteme und Transformationen

Zusammenfassung

**Die elementarste Aufgabe bei der Steuerung eines Industrieroboters besteht wohl darin, einen Greifer oder ein Werkzeug, genauer den zugehörigen TCP, von einem Punkt A im Arbeitsraum zu einem Punkt B im Arbeitsraum zu bewegen. Die Bewegung erfolgt durch Veränderung der Gelenkwinkel des Roboters. Jedem vollständigen Satz von Gelenkwinkeln ist dabei eindeutig eine bestimmte Position und Orientierung des TCP und aller Teile des Roboters zugeordnet. Eine genaue Kenntnis der Zusammenhänge zwischen Positionen, Orientierungen und Gelenkwinkeln ist unerläßlich, wenn wir die angesprochene Aufgabe lösen wollen.**

**Diese Zusammenhänge wollen wir nun im Folgenden schrittweise erarbeiten. Dabei stellen wir uns vereinfachend ein Modell mit 4 rotatorischen Achsen vor, beschränken also die Bewegungsmöglichkeiten der Hand auf ein einfaches Auf- und Abschwenken. Bei der Herleitung der entsprechenden Beziehungen wollen wir nicht, wie in der Literatur häufig üblich, mit dem Matrizenkalkül arbeiten, sondern einen anschaulicheren geometrischen Weg beschreiben.**
**Hauptanliegen dieses Teiles ist die Herleitung der Transformationsgleichungen, die den Übergang von kartesischen TCP-Raumkoordinaten in Gelenkwinkelkoordinaten und umgekehrt darstellen.**
**Um die wichtigsten Definitionen dieses Abschnitts gegenwärtig zu haben und Bezeichnungen in ihrer Bedeutung schnell identifizieren zu können, ist am Ende des Buches ein Beiblatt eingefügt. Bei der Lektüre dieses Abschnitts empfiehlt es sich, dieses Beiblatt parallel zum Text zu verwenden.**

Zunächst eine Bemerkung:
Die oben erwähnte Vereinfachung auf ein Modell mit 4 Achsen erscheint uns aus zwei Gründen gerechtfertigt:

- Bei einem zentrisch montierten Greifer (etwa wie in Bild 2.1) liegt der TCP auf der Handdrehachse, so daß ein Handdrehen für das Positionieren irrelevant ist.
- Es geht uns nur um die Darlegung des Wesentlichen in den Beziehungen zwischen Raum  und Roboterkoordinaten. Dies läßt sich, bei Verzicht auf Vollständigkeit (6 Achsen), mit nur 4 Achsen erheblich transparenter gestalten.

Die uns vertrauteste Beschreibung räumlicher Positionen beruht auf der Verwendung eines **kartesischen Koordinatensystems**.

Bild 2.5

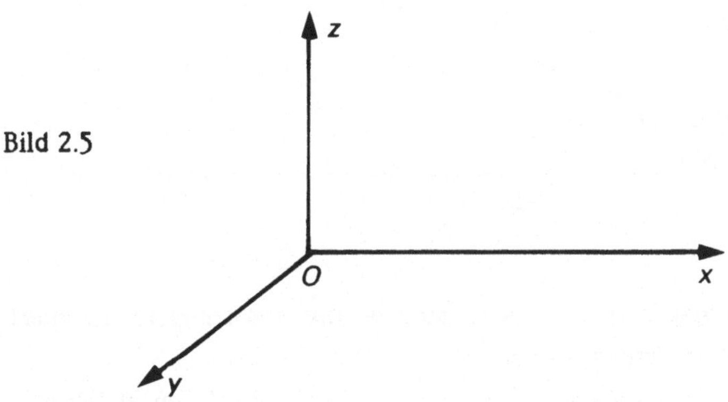

Die drei paarweise zueinander senkrechten Achsen werden üblicherweise mit **X, Y, Z** bezeichnet. Wir legen dieses Koordinatensystem so, daß seine Z-Achse mit der Körperachse unseres Modells zusammenfällt. Die positive Richtung zeigt senkrecht zur Standfläche nach oben. Der Ursprung O sei als Schnittpunkt der Körperachse mit der Achse des Schultergelenks definiert (diese Achsen schneiden sich rechtwinklig). Somit ist die X-Y-Ebene parallel zur Standfläche des Roboters.

Zunächst wollen wir davon ausgehen, daß jede Bewegung des Roboterarms nur in der X-Z-Ebene erfolgt. Auch sollen Unterarm und Oberarm die gleiche Länge l haben. Die Hand wird vorerst nicht betrachtet.

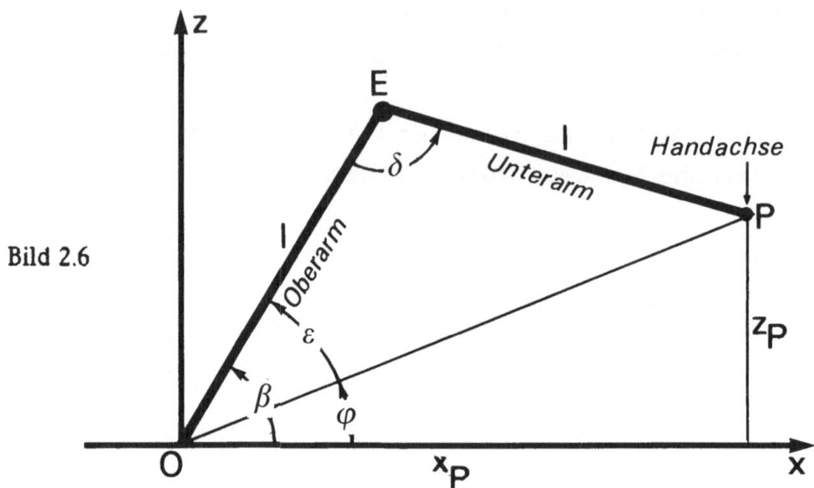



Alle Winkel werden entgegen dem Uhrzeigersinn positiv, sonst negativ definiert und sind im Intervall ]-2π;+2π] enthalten.

Unter den gegebenen Voraussetzungen sind nur 2 Gelenkwinkel von Bedeutung. β ist der Winkel zwischen der X-Achse und dem Oberarm, δ der Winkel zwischen Oberarm und Unterarm. Es entspricht der Realität, stets $\delta \neq 0$ vorauszusetzen.

Welcher Zusammenhang besteht nun zwischen den "Roboterkoordinaten" (β,δ) und den kartesischen Koordinaten $(X_p, Z_p)$ ?

Es gelten folgende Beziehungen:

$$\delta = \pi - 2\varepsilon \qquad\qquad \text{da Unterarm und Oberarm gleichlang sind} \qquad\qquad (1)$$

$$\varphi = \beta - \varepsilon \qquad\qquad\qquad\qquad\qquad\qquad\qquad\qquad\qquad\qquad\qquad (2)$$

$$\overline{OP} = \sqrt{X_p^2 + Z_p^2} \qquad\qquad\qquad\qquad\qquad\qquad\qquad\qquad\qquad (3)$$

Untersuchen wir zuerst den Übergang von Roboterkoordinaten zu kartesischen Koordinaten: ((β,δ) gegeben, $(X_p, Z_p)$ gesucht):

$$\epsilon = (\pi - \delta)/2 \qquad \text{aus (1)} \qquad -\pi/2 < \epsilon < \pi/2 \qquad (4)$$

$$\varphi = \beta - (\pi - \delta)/2 \qquad \text{aus (2) mit (4)} \qquad (5)$$

$$\overline{OP} = 2l\cdot\cos(\epsilon) \qquad \text{da Dreieck OPE gleichschenklig, } \overline{OP} > 0 \qquad (6)$$

$$X_p = \overline{OP} \cdot \cos(\varphi) \qquad (7)$$

$$Z_p = \overline{OP} \cdot \sin(\varphi) \qquad (8)$$

Sei nun umgekehrt $(X_p, Z_p)$ gegeben und $(\beta, \delta)$ gesucht:

Es gibt bei uneingeschränkter Beweglichkeit von Unterarm und Oberarm stets zwei Lösungen:

① $\epsilon_1 = \text{arc cos}(\overline{OP}/2l) \qquad \text{aus (6)} \qquad 0 \leq \epsilon_1 < \pi/2$

$$\varphi_1 = \begin{cases} \text{arc sin}(Z_p/\overline{OP}) & \text{falls } X_p \geq 0 \\ \\ \pi - \text{arc sin}(Z_p/\overline{OP}) & \text{falls } X_p < 0 \end{cases}$$

$\beta_1 = \epsilon_1 + \varphi_1$

$\delta_1 = \pi - 2\epsilon_1 \qquad\qquad\qquad 0 < \delta_1 \leq \pi$

② $\epsilon_2 = -\text{arc cos}(\overline{OP}/2l) = -\epsilon_1 \qquad -\pi/2 < \epsilon_2 \leq 0$

$\varphi_2 = \varphi_1$

$\beta_2 = \epsilon_2 + \varphi_2$

$\delta_2 = \pi - 2\epsilon_2 = \pi + 2\epsilon_1 \qquad\qquad \pi \leq \delta_2 < 2\pi$

Lösung ② erhält man graphisch aus Lösung ① , wenn man das Dreieck OPE an der Achse OP spiegelt (vgl. dazu Bild 2.6).

Wir wollen nun die (bis auf $\delta \neq 0$) völlig freie Beweglichkeit unseres Robotarmes etwas einschränken. Dazu fordern wir:

$$-\pi/2 \leq \varphi \leq \pi/2 \qquad (9)$$

$$0 < \delta \leq \pi \qquad (10)$$

Dies hat einerseits zur Folge, daß wir den Arbeitsraum erheblich verkleinern (Bewegungen von P im 2. und 3. Quadranten der X-Z-Ebene sind ausgeschlossen - der Arbeitsraum ist eine halbe Kreisscheibe), bewirkt aber andererseits ein

Verschwinden der Zweideutigkeit beim Übergang von kartesischen zu Roboter-koordinaten. Wie wir sehen werden, gilt diese Verkleinerung des Arbeitsraums nur im zweidimensionalen Reduktionsfall, beim dreidimensionalen Fall existiert sie nicht mehr.

Sei also nun $P(X_p, Z_p)$ mit $X_p \geq 0$ gegeben:
Es scheidet Lösung ② wegen (10) aus, und Lösung ① hat folgende Gestalt:

$$\varepsilon = \text{arc } \cos(\overline{OP}/2l) \qquad\qquad 0 \leq \varepsilon < \pi/2 \qquad\qquad (11)$$

$$\varphi = \text{arc } \sin(Z_p/\overline{OP}) \qquad\qquad -\pi/2 \leq \varphi \leq \pi/2 \qquad\qquad (12)$$

$$\beta = \varepsilon + \varphi \qquad\qquad -\pi/2 \leq \beta < \pi \qquad\qquad (13)$$

$$\delta = \pi - 2\varepsilon \qquad\qquad 0 < \delta \leq \pi \qquad\qquad (14)$$

Dies hat auch zur Folge, daß kein Teil des Robotarms im 3. Quadranten sein kann (wohl aber im 2. Quadranten).

Zusammengefaßt ergeben sich für den zweidimensionalen Fall folgende **Transformationsgleichungen**:

$(\beta,\delta) \rightarrow (X_p, Z_p)$ (aus (7) und (8) mit (4), (5), (6)):

$$\boxed{\begin{aligned} X_p &= 2l \cdot \cos((\pi - \delta)/2) \cdot \cos(\beta - (\pi - \delta)/2) \\ Z_p &= 2l \cdot \cos((\pi - \delta)/2) \cdot \sin(\beta - (\pi - \delta)/2) \end{aligned}} \qquad\qquad \begin{aligned} (15) \\ (16) \end{aligned}$$

$(X_p, Z_p) \rightarrow (\beta,\delta)$ (aus (13) und (14) mit (3), (11), (12)):

$$\boxed{\begin{aligned} \beta &= \text{arc } \cos(\sqrt{X_p^2 + Z_p^2}/2l) + \text{arc } \sin(Z_p/\sqrt{X_p^2 + Z_p^2}) \\ \delta &= \pi - 2 \cdot \text{arc } \cos(\sqrt{X_p^2 + Z_p^2}/2l) \end{aligned}} \qquad\qquad \begin{aligned} (17) \\ (18) \end{aligned}$$

Damit beherrschen wir die Positionierung der Handachse P im 1. und 4. Quadranten der X-Z-Ebene. Nehmen wir nun die **Orientierung der Hand** hinzu.

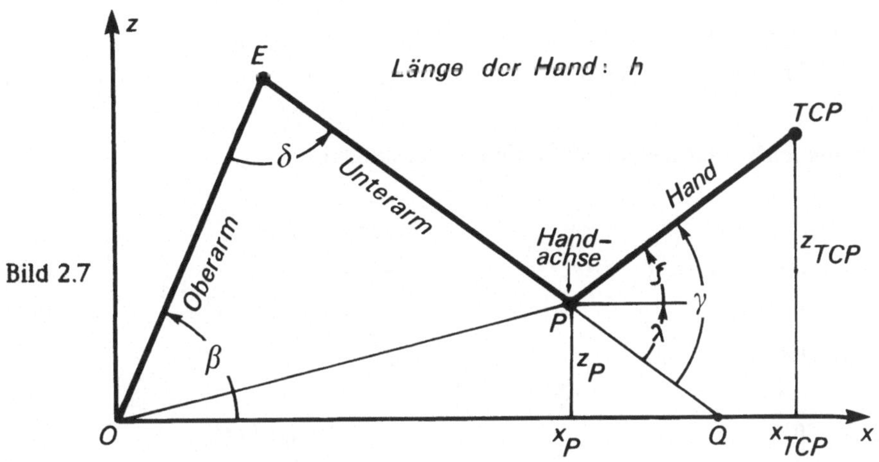



Die Winkel β, δ, ɣ, λ, ʃ seien nun (wie in Bild 2.7) als der jeweils kleinere zwischen den angegebenen Halbgeraden definiert. Gibt es keinen kleineren (bei entgegengesetzter Orientierung der Halbgeraden), so sei der Wert +π. Der Drehrichtungspfeil eines Winkels soll stets von derselben Halbgeraden ausgehen (wie in Bild 2.7 dargestellt). Je nach Drehsinn gibt es daher positive oder negative Winkelwerte. Somit gilt künftig stets:

**Alle Winkel sind aus ]-π;+π].**

Zur Behebung der Schwierigkeit, daß sich bei der Berechnung von Winkeln Werte $\notin$ ]-π;+π] ergeben könnten, verfahren wir folgendermaßen:

Zu jedem $x \in \mathbb{R}$ gibt es genau ein $x^* \in$ ]-π;+π] und genau ein $k \in \mathbb{Z}$ mit:
$x = k \cdot 2\pi + x^*$.

Wie man sich leicht überzeugt, gilt stets: $(-x)^* = -x^*$ und $(x + y)^* = (x^* + y^*)^*$.

$x^*$ ist geometrisch gesehen der kleinere der beiden Winkel zwischen den definierenden Halbgeraden und hat das seiner Orientierung entsprechende Vorzeichen, entspricht also unserer Vereinbarung. Wir rechnen zukünftig nur mehr mit $x^*$ anstelle von $x$, wobei $x = x^*$ für $|x| < \pi$.

Die Beweglichkeit der Hand wollen wir praxisnah durch $|\gamma| \approx \pi$ einschränken, so daß stets $-\pi < \gamma < \pi$ gilt.

Wir erweitern die Fragestellung: Welcher Zusammenhang besteht zwischen $(\beta,\delta,\gamma)$ und den TCP-Koordinaten $(X_{TCP}, Z_{TCP})$ ?

Wie wir uns leicht klarmachen, gelten die Beziehungen:

$$\lambda = (\pi - \beta - \delta)^* \qquad\qquad -\pi/2 \le \lambda < \pi \qquad (19)$$
$$\zeta = (\gamma - \lambda)^* = (\gamma + \beta + \delta - \pi)^* \qquad -\pi < \zeta \le \pi \qquad (20)$$
$$X_{TCP} = X_p + h\cdot\cos(\zeta) \qquad\qquad -h \le X_{TCP} \le 2l + h \qquad (21)$$
$$Z_{TCP} = Z_p + h\cdot\sin(\zeta) \qquad\qquad -h - 2l \le Z_{TCP} \le h + 2l \qquad (22)$$

$$\lambda = (2\varepsilon - \beta)^* \qquad\qquad \text{aus (19) mit (14)} \qquad (23)$$
$$\zeta = (\gamma + \beta - 2\varepsilon)^* \qquad\qquad \text{aus (20) mit (23)} \qquad (24)$$
$$\zeta = (\gamma + \arcsin(Z_p/\overline{OP}) - \arccos(\overline{OP}/2l))^* \qquad (25)$$

(25) ergibt sich aus (24) mit (3), (11) und (17).
Die Hand "reicht" nun in den 2. und 3. Quadranten, z. B. für $\gamma = \beta = \pi/2$, $\delta = \pi$.
Durch $\zeta$ $(-\pi < \zeta \le \pi)$ ist die Orientierung der Hand eindeutig bestimmt.

Betrachten wir nun den Übergang von Roboterkoordinaten in kartesische Koordinaten $((\beta,\gamma,\delta) \rightarrow (X_{TCP}, Z_{TCP}))$:

$(X_p, Z_p)$ ergibt sich aus $(\beta,\delta)$ über (15) und (16). Da für einen beliebigen Winkel $\alpha$ stets $\cos(\alpha - \pi) = -\cos\alpha$ , $\sin(\alpha - \pi) = -\sin\alpha$ , sowie $\cos\alpha^* = \cos\alpha$, $\sin\alpha^* = \sin\alpha$, erhalten wir aus (21) und (22) mit (20):

$$\boxed{\begin{aligned} X_{TCP} &= X_p - h\cdot\cos(\gamma + \beta + \delta) \\ Z_{TCP} &= Z_p - h\cdot\sin(\gamma + \beta + \delta) \end{aligned}} \qquad \begin{aligned} &(26) \\ &(27) \end{aligned}$$

Umgekehrt ist der Übergang von kartesischen TCP-Koordinaten in Roboterkoordinaten nicht eindeutig. Wir müssen $\zeta$, die Orientierung der Hand, hinzunehmen $((X_{TCP}, Z_{TCP}, \zeta) \rightarrow (\beta,\gamma,\delta))$:

$$X_p = X_{TCP} - h \cdot \cos(\xi) \qquad \text{aus (21)} \qquad (28)$$

$$Z_p = Z_{TCP} - h \cdot \sin(\xi) \qquad \text{aus (22)} \qquad (29)$$

Damit läßt sich berechnen:

$$\beta = \arccos(\sqrt{X_p^2 + Z_p^2}\,/2l) + \arcsin(Z_p/\sqrt{X_p^2 + Z_p^2}) \qquad (17)$$

$$\delta = \pi - 2 \cdot \arccos(\sqrt{X_p^2 + Z_p^2}\,/2l) \qquad (18) \qquad\qquad (30)$$

$$\gamma = (\xi + \pi - \beta - \delta)^* \qquad \text{aus (24) mit (14)}$$

Damit haben wir das Problem der **Bewegung des Robotarms in 3 Freiheitsgraden** unter den definierten Beschränkungen vollständig gelöst.

Nehmen wir nun als **4. Freiheitsgrad** die **Drehung um die Körperachse** hinzu:

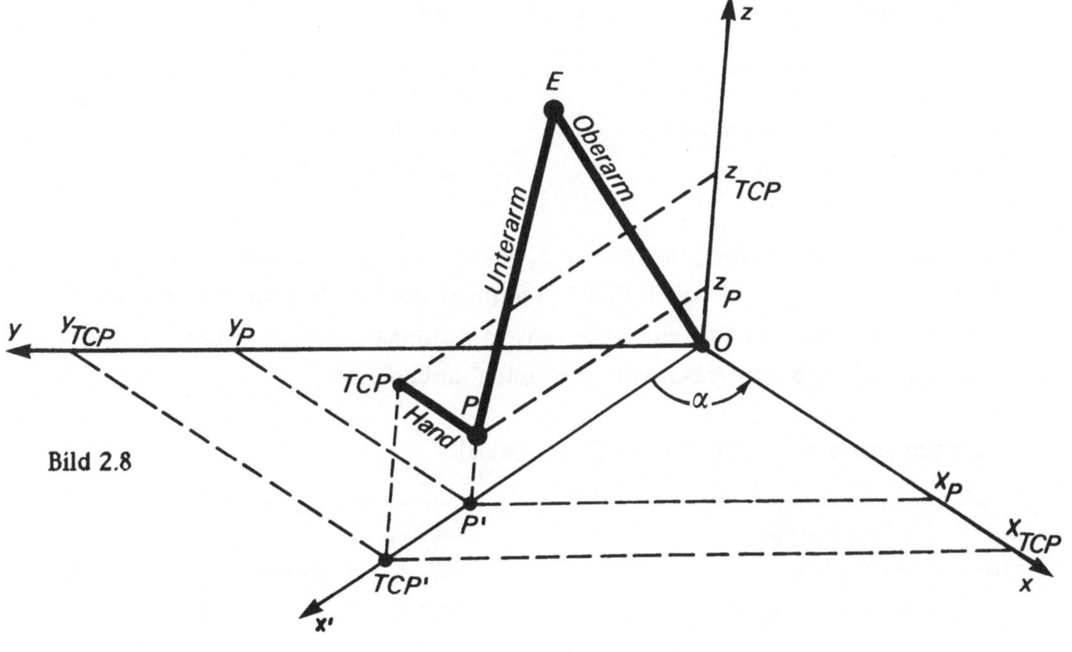


Bild 2.8

$\alpha$ nimmt dabei, wie auch die anderen Winkel, nur Werte aus $]-\pi;+\pi]$ an und ist positiv, wenn der Drehsinn, in Richtung der negativen Z-Achse auf die X-Y-Ebene gesehen, entgegen dem Uhrzeigersinn ist (vgl. dazu Bild 2.8!).

Wenn wir die X'-Z-Ebene betrachten, in der die Punkte O, E, P, TCP, sowie die Projektionen P' bzw. TCP' von P bzw. TCP auf die X-Y-Ebene liegen, so sind uns die Transformationen $(\beta,\delta) \rightarrow (X'_p, Z_p)$ und $(\beta,\delta,\gamma) \rightarrow (\zeta, X'_{TCP}, Z_{TCP})$ vom soeben besprochenen 2-dimensionalen Fall her bekannt.

Wenn wir berücksichtigen, daß $X = X'\cos\alpha$ , $Y = X'\sin\alpha$ , $X' = \sqrt{X^2 + Y^2}$ , so erhalten wir für $(\alpha,\beta,\delta) \rightarrow (X_p,Y_p,Z_p)$ aus (15) und (16):

$$
\begin{array}{|l|}
\hline
X_p = 2l\cdot\cos((\pi - \delta)/2)\cdot\cos(\beta - (\pi - \delta)/2)\cdot\cos\alpha \\
Y_p = 2l\cdot\cos((\pi - \delta)/2)\cdot\cos(\beta - (\pi - \delta)/2)\cdot\sin\alpha \\
Z_p = 2l\cdot\cos((\pi - \delta)/2)\cdot\sin(\beta - (\pi - \delta)/2) \\
\hline
\end{array}
\qquad
\begin{array}{l}
(31) \\
(32) \\
(33)
\end{array}
$$

Und für $(\alpha,\beta,\gamma,\delta) \rightarrow (X_{TCP}, Y_{TCP}, Z_{TCP})$ erhalten wir:

$$
\begin{array}{|ll|}
\hline
X_{TCP} = X_p - h\cdot\cos(\beta + \gamma + \delta)\cdot\cos\alpha & \text{aus (26)} \\
Y_{TCP} = Y_p - h\cdot\cos(\beta + \gamma + \delta)\cdot\sin\alpha & \text{aus (26)} \\
Z_{TCP} = Z_p - h\cdot\sin(\beta + \gamma + \delta) & \text{aus (27)} \\
\hline
\end{array}
\qquad
\begin{array}{l}
(34) \\
(35) \\
(36)
\end{array}
$$

In umgekehrter Richtung müssen wir wieder $\zeta$, die Orientierung der Hand hinzunehmen. $\zeta$ ist dabei wie in Bild 2.7 definiert (nur ist dort die X-Achse durch die X'-Achse ersetzt zu denken), wobei wir in Richtung positiver $\alpha$-Werte auf die X'-Z-Ebene blicken (das entspricht "von hinten" in Bild 2.8).

Es ergibt sich zunächst für $(X_p,Y_p, Z_p) \rightarrow (\alpha,\beta,\delta)$ :

$$
\begin{array}{|l|}
\hline
\alpha = \left\{
\begin{array}{ll}
\arctan(Y_p/X_p) & \text{falls } X_p > 0 \\
\mathrm{sgn}(Y_p)\cdot\pi/2 & \text{falls } X_p = 0, Y_p \neq 0 \\
(\pi + \mathrm{atn}(Y_p/X_p))^{*} & \text{falls } X_p < 0
\end{array}
\right\} \\
\\
\beta = \mathrm{arc\,cos}(\sqrt{X_p^2 + Y_p^2 + Z_p^2}/2l) + \mathrm{arc\,sin}(Z_p/\sqrt{X_p^2 + Y_p^2 + Z_p^2}) \quad (17) \\
\\
\delta = \pi - 2\,\mathrm{arc\,cos}(\sqrt{X_p^2 + Y_p^2 + Z_p^2}/2l) \qquad\qquad\qquad\qquad\quad (18) \\
\hline
\end{array}
\qquad
\begin{array}{l}
(37) \\
\\
(38) \\
\\
(39)
\end{array}
$$

Mit Hilfe von Bild 2.8 wird (37) plausibel.

Falls $X_p = Y_p = 0$ , so wird man in der Praxis $\alpha$ der momentanen Stellung des Körperachsen-Motors entsprechend festlegen.

Und für $(\varsigma, X_{TCP}, Y_{TCP}, Z_{TCP}) \rightarrow (\alpha, \beta, \gamma, \delta)$ erhalten wir:

Es ist $\alpha_p = \alpha_{TCP} = \alpha$ und (37) liefert $\alpha$. Aus (34), (35), (36) erhält man mit (20):

$$X_p = X_{TCP} - h \cdot \cos\varsigma \cdot \cos\alpha \tag{40}$$

$$Y_p = Y_{TCP} - h \cdot \cos\varsigma \cdot \sin\alpha \tag{41}$$

$$Z_p = Z_{TCP} - h \cdot \sin\varsigma \tag{42}$$

Mit (38) und (39) erhalten wir daraus $\beta$ und $\delta$ und aus (30) entnehmen wir $\gamma$.

Wir sehen nun auch, daß die Bedingungen (9) und (10) keine Verkleinerung des Arbeitsraums bewirken. Der Arbeitsraum ist eine Kugel vom Radius $2 l + h$ und wäre derselbe ohne (9), (10). (9) und (10) beseitigen nur die Mehrdeutigkeiten beim Übergang von kartesischen zu Roboterkoordinaten. Eine Handgelenks-position, die etwa mit $0 < \alpha \leq \pi/2$ und $\varphi > \pi/2$ anzufahren wäre, wird stattdessen mit $\alpha' = \alpha - \pi$ und $\varphi' < \pi/2$ erreicht.

Wir wollen uns mit 4 Freiheitsgraden begnügen. Bei dem konkreten Modell, mit dem wir später arbeiten werden, kommt dann noch ein **5. Freiheitsgrad** hinzu: die **Drehung der Hand um ihre Längsachse.**

Zusammenfassend wollen wir jetzt noch eine übersichtliche Darstellung der bisher hergeleiteten Transformationsgleichungen geben. Wesentlich soll dabei nicht der direkte funktionale Zusammenhang zwischen Roboter- und kartesischen Koordinaten sein, sondern es soll eine sequentielle Auflistung aller Parameter in der Reihenfolge ihrer Berechenbarkeit erfolgen.

Dies geschieht im Hinblick auf den BASIC-Programmierer, dem ein Programmieren der Transformationsgleichungen auf seinem Mikrocomputer erleichtert werden soll.

Zunächst von Roboter- in kartesische Koordinaten - $(\alpha, \beta, \gamma, \delta) \rightarrow (\varsigma, X_{TCP}, Y_{TCP}, Z_{TCP})$ :

Verwenden wir die elementaren trigonometrischen Beziehungen

$\cos((\pi - \delta)/2) = \sin(\delta/2)$ , $\cos(\beta - (\pi - \delta)/2) = \sin(\beta + \delta/2)$ ,

$\sin(\beta - (\pi - \delta)/2) = -\cos(\beta + \delta/2)$ ,

so läßt sich unter Verwendung der Hilfsvariablen V1, ... ,V11 und der Gleichungen (31) - (36) folgende **Berechnungssequenz** angeben:

$$
\begin{array}{l}
\text{V1 = } \delta/2 : \text{V2 = } \beta + \text{V1 : V3 = SIN(V1) : V4 = SIN(V2)} \\
\text{V5 = COS(}\alpha\text{) : V6 = SIN(}\alpha\text{) : V7 = 2*L*V3 : V8 = V7*V4} \\
\text{V9 = } \beta + \gamma + \delta : \text{V10 = H*COS(V9) : V11 = V9 - }\pi \\
\text{IF ABS(V11) > }\pi\text{ THEN V11 = -SGN(V11)*(2*}\pi\text{ - ABS(V11))} \\
\text{IF V11 = -}\pi\text{ THEN V11 = }\pi \\
\\
\text{XP = V8*V5 : YP = V8*V6 : ZP = -V7*COS(V2)} \\
\text{XTCP = XP -V10*V5 : YTCP = YP - V10*V6 : ZTCP = ZP - H*SIN(V9)}
\end{array}
\tag{43}
$$

Die IF - THEN - Statements realisieren die Berechnung von (V11)*. Da aufgrund unserer Bedingungen (9) und (10) stets $\beta + \delta > 0$, gilt auch immer:

$-\pi < \beta + \gamma + \delta < 3\pi \quad \Rightarrow \quad |\beta + \gamma + \delta - \pi| = |V11| < 2\pi.$

Wie man dann leicht sieht, errechnet sich $x^*$, für $\pi < |x| < 2\pi$, aus $-\text{sgn}(x)\cdot(2\pi - |x|)$.

Durch diese Berechnungssequenz spart man gegenüber der direkten Auswertung der Gleichungen (31) - (36) fast die Hälfte an Rechenzeit für trigonometrische Berechnungen, Multiplikationen, Divisionen, Additionen und Subtraktionen.

Und nun umgekehrt - $(\xi, X_{TCP}, Y_{TCP}, Z_{TCP}) \rightarrow (\alpha,\beta,\gamma,\delta)$:

Wir benützen wieder als Hilfsvariable V1, V2 und V3:

$$
\begin{aligned}
&\text{IF XTCP} > 0 \text{ THEN } \alpha = \text{ATN(YTCP/XTCP)} \\
&\text{IF XTCP} < 0 \text{ THEN } \alpha = \pi + \text{ATN(YTCP/XTCP)} : \text{IF } \alpha > \pi \text{ THEN } \alpha = \alpha - 2\pi \\
&\text{IF XTCP} = 0 \text{ AND YTCP} \neq 0 \text{ THEN } \alpha = \text{SGN(YTCP)}*\pi/2 \\
&\text{V1} = \text{H}*\text{COS}(\zeta) \\
&\text{Aus (40), (41), (42), (38), (39) und (30) folgt der Reihe nach:} \\
&\text{XP} = \text{XTCP} - \text{V1}*\text{COS}(\alpha) : \text{YP} = \text{YTCP} - \text{V1}*\text{SIN}(\alpha) \\
&\text{ZP} = \text{ZTCP} - \text{H}*\text{SIN}(\zeta) : \text{V2} = \text{SQR(XP}\uparrow 2 + \text{YP}\uparrow 2 + \text{ZP}\uparrow 2) : \text{V3} = \text{ACS(V2/2/L)} \\
&\beta = \text{V3} + \text{ASN(ZP/V2)} : \delta = \pi - 2*\text{V3} : \gamma = \zeta + \pi - \beta - \delta \\
&\text{If ABS}(\gamma) > \pi \text{ THEN } \gamma = -\text{SGN}(\gamma) \cdot (2*\pi - \text{ABS}(\gamma))
\end{aligned}
\tag{44}
$$

Wiederum realisieren die IF - THEN - Statements die Berechnung der "*-Werte", wobei die Voraussetzung $\pi \neq |\zeta + \pi - \beta - \delta| < 2\pi$ erfüllt ist.

Auch hier sparen wir erheblich an Rechenzeit. Außerdem behält $\alpha$ den letzten errechneten Wert, falls $X_{TCP} = Y_{TCP} = 0$, und es treten keine "Unstetigkeiten" in der Belegung von $\alpha$ auf.


Bemerkung:

Die Notation in (43) und (44) orientiert sich an der üblichen Syntax der Programmiersprache BASIC. Einige dort nicht verfügbare Zeichen ($\alpha, \beta$, ...) und Funktionen (ACS für arc cos, ASN für arc sin) wurden jedoch beibehalten, um die Bedeutung der Formeln nicht unnötig zu verschleiern. Für die konkrete Programmierung von (43) und (44) ist eine entsprechende Modifikation erforderlich und auch problemlos durchführbar (z. B. "ALPHA" anstelle von "$\alpha$").

## 2.3 Roboterbewegung und Steuerungsarten

Zusammenfassung

In diesem Teil wird zunächst die Punkt-zu-Punkt-Steuerung (PTP) besprochen. Dabei sind steuerungstechnisch nur Ausgangs- und Endposition der Bewegung von Bedeutung. Die Bewegungsbahn ist im allgemeinen unbekannt, obwohl es in vielen Anwendungsfällen wichtig ist, sie zu kennen (Kollisionsgefahr mit Hindernissen). Verlauf und Gestalt dieser PTP-Bahnen in Abhängigkeit von den kinematischen Parametern Geschwindigkeit und Beschleunigung jeder Achse werden analysiert und in einer 2-dimensionalen Projektion dargestellt.

Wollen wir über das reine PTP-Fahren hinaus die Bahn besser kontrollieren, so nehmen wir vordefinierte Zwischenpunkte hinzu, die während der Bewegung angesteuert werden müssen (z. B. um einem Hindernis auszuweichen). Wir sprechen dann von Interpolation und von Multipunktsteuerung, wenn wir mehrere oder sehr viele Zwischenpunkte wählen. Liegen die Zwischenpunkte so, daß sich der TCP zwischen Ausgangs- und Endposition längs einer Geraden oder längs eines Kreis- bzw. Parabelbogens bewegt, so nennen wir das lineare oder zirkulare bzw. parabolische Interpolation.

Eine echte Bahnsteuerung liegt dann vor, wenn vorgegebene Positionen, Geschwindigkeiten und Beschleunigungen (als Funktionen der Zeit) zu jedem Zeitpunkt im Rahmen der rechnerbedingten Auflösung realisiert werden.

Am Ende dieses Teiles wird ein konkretes Beispiel für eine Bahnsteuerung betrachtet und hinsichtlich der Realisation auf einem Rechner analysiert.

Bisher waren unsere Betrachtungen in 2.2 nur **statisch**. Wir haben uns die Zusammenhänge zwischen den kartesischen- und den Roboterkoordinaten eines Punktes im Arbeitsraum verdeutlicht, ohne uns darum zu kümmern, wie etwa der TCP an diesen Punkt gelangt ist.

Nun wollen wir die Bewegung des Robotarmes von einem Punkt P zu einem Punkt Q im Arbeitsraum näher untersuchen. Besonders beachten werden wir dabei die zugehörige Bewegungsbahn. Das ist eine Raumkurve mit Anfangspunkt P und Endpunkt Q. Sie hängt stark von der Art der Bewegung ab, wie wir an Beispielen sehen werden.

Während der Bewegung treten für jede Achse verschiedene Beschleunigungen und Geschwindigkeiten auf. Auch die Drehdauer der Achsen ist im allgemeinen unterschiedlich. Wir greifen nun eine beliebige Achse heraus, bezeichnen ihren Drehwinkel mit $\theta$ und untersuchen die Kinematik dieser Achse im Verlauf der Bewegung des TCP von P nach Q ($\theta$ steht stellvertretend für $\alpha, \beta, \gamma, \delta$). Die Bewegung mit Ausgangslage in P beginnt zum Zeitpunkt $t = t_0$ und endet mit Endlage in Q zum Zeitpunkt $t = T$. Der momentane Drehwinkel sei $\theta(t)$, die momentane Winkelgeschwindigkeit $\dot{\theta}(t)$. $\dot{\theta}$ sei eine stetige Funktion von $t$.
Im Vordergrund steht nun also nicht die TCP-Bewegung, sondern die Kinematik der Achsen, deren Zusammenwirken diese Bewegung hervorruft.

Es gilt allgemein:

$$\theta(t) = \theta(t_0) + \int_{t_0}^{t} \dot{\theta}(s)\,ds \qquad\qquad t_0 \leq t \leq T \qquad\qquad (1)$$

Sind für alle Gelenkwinkel $\theta$ die zugehörigen Funktionen $\dot{\theta}$ in $[t_0; T]$ gegeben, so lassen sich die entsprechenden kartesischen Koordinaten jedes Bahnpunktes mit (1) und 2.2 (31) - (36) berechnen.
Sind umgekehrt die kartesischen Bahnkoordinaten in Abhängigkeit von der Zeit bekannt, so liefern 2.2 (37) - (42) die entsprechenden Gelenkwinkel $\theta(t)$, und durch Differentiation erhalten wir die Winkelgeschwindigkeiten.

Am einfachsten ist die **Punktsteuerung (PTP, Point to Point)**. Dabei wird jede Achse vollkommen unabhängig von den anderen Achsen möglichst schnell in die neue Position bewegt. Dort bleibt sie stehen. Wir bezeichnen mit $\ddot{\Theta}$ bzw. $-\ddot{\Theta}$ die während der Beschleunigungs- bzw. Bremsphase auftretende Beschleunigung und wollen voraussetzen:

$$\left. \begin{array}{l} t_0 = 0 \\ \dot{\Theta}(0) = \dot{\Theta}(T) = 0 \\ |\ddot{\Theta}| \text{ ist konstant} \end{array} \right\} \qquad (2)$$

Jede Achse steht also vor Beginn und nach dem Ende einer PTP- Positionierung. $M_\Theta > 0$ sei die von Konstruktion, momentaner Position und Belastung abhängige Maximalgeschwindigkeit, die überhaupt während der gesamten Bewegung auftreten kann, also:

$$|\dot{\Theta}(t)| \leq M_\Theta \qquad\qquad \text{für alle } t \in [0;T] \qquad (3)$$

Unter diesen Voraussetzungen sieht $\dot{\Theta}$ z. B. so aus:

Bild 2.9

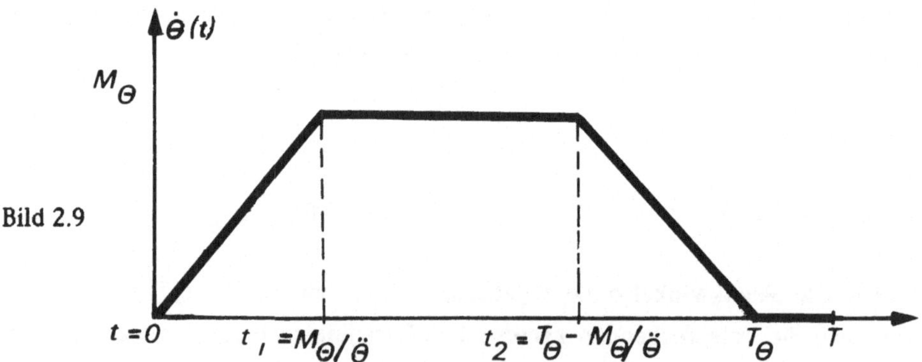

Analytisch erhalten wir für $\dot{\Theta}$ :

$$
\dot{\Theta}(t) = \begin{cases}
\ddot{\Theta} \cdot t & 0 \le t \le t_1 \\
M_\Theta & t_1 \le t \le t_2 \\
(T_\Theta - t) \cdot \ddot{\Theta} & t_2 \le t \le T_\Theta \\
0 & T_\Theta \le t \le T
\end{cases}
\tag{4}
$$

T ist die Gesamtdauer der Bewegung und $T_\Theta$ die Drehzeit des jeweiligen Motors. Für den Motor mit der längsten Drehzeit ist $T_\Theta = T$. Die maximale Geschwindigkeit $M_\Theta$ kann nur dann erreicht werden, wenn die Differenz $\Delta\Theta = \Theta(T) - \Theta(0)$ ($\Delta\Theta$ ist nach (1) die Fläche zwischen dem Graphen und der t-Achse) dem Betrag nach größer als $|M_\Theta^2 / \ddot{\Theta}|$ ist. Wenn $|\Delta\Theta| < |M_\Theta^2 / \ddot{\Theta}|$, so hat der Graph in Bild 2.9 Dreiecksform - $M_\Theta$ wird während der Beschleunigungsphase gerade oder gar nicht erreicht.

$T_\Theta$ ergibt sich so:

$$
\Delta\Theta = \int_0^T \dot{\Theta}(s)\,ds = \int_0^{T_\Theta} \dot{\Theta}(s)\,ds = M_\Theta^2 / \ddot{\Theta} + (T_\Theta - 2M_\Theta / \ddot{\Theta}) \cdot M_\Theta \quad \Rightarrow
$$

$$
T_\Theta = \Delta\Theta / M_\Theta + M_\Theta / \ddot{\Theta}
\tag{5}
$$

T ist dann das Maximum aller $T_\Theta$ , $\Theta \in \{\alpha,\beta,\gamma,\delta\}$.

Durch abschnittweises Integrieren von (4) erhalten wir:

$$
\Theta(t) = \begin{cases}
\Theta(0) + 1/2 \cdot \ddot{\Theta} \cdot t & 0 \le t \le t_1 \\
\Theta(0) + M_\Theta \cdot t - 1/2 \cdot M_\Theta / \ddot{\Theta} & t_1 \le t \le t_2 \\
\Theta(T) - 1/2 \cdot \ddot{\Theta} \cdot (T_\Theta - t)^2 & t_2 \le t \le T_\Theta \\
\Theta(T) & T_\Theta \le t \le T
\end{cases}
\tag{6}
$$

Wollen wir etwa bei unserem Robotmodell mit 4 Freiheitsgraden die **tatsächliche Bahn bei der PTP-Steuerung** unter den gegebenen Voraussetzungen ermitteln, so gehen wir so vor:

Für jedes $\Theta \in \{\alpha,\beta,\gamma,\delta\}$ muß $|\dot{\Theta}|$ und $M_\Theta$ gegeben sein. Ist der Drehwinkel zu klein, so kann $M_\Theta$ nicht erreicht werden. In diesem Falle (Graph dreieckig!) errechnet sich die dann erreichbare Maximalgeschwindigkeit $m_\Theta$ aus der Gleichung $\Delta\Theta = m_\Theta^2/\ddot{\Theta}$ $(m_\Theta > 0)$.

Allgemein gilt daher: $m_\Theta = \min\{M_\Theta, \sqrt{\Delta\Theta \cdot \ddot{\Theta}}\}$

$T_\Theta = \Delta\Theta/m_\Theta + m_\Theta/\ddot{\Theta}$ ist nach (5) die Laufzeit der jeweiligen Achse.

$T = \max\{T_\Theta \mid \Theta \in \{\alpha,\beta,\gamma,\delta\}\}$

Ersetzen wir noch in (6) $M_\Theta$ durch $m_\Theta$, so erhalten wir für $\Theta \in \{\alpha,\beta,\gamma,\delta\}$ der Reihe nach $\alpha(t)$, $\beta(t)$, $\gamma(t)$, $\delta(t)$, und mit 2.2 (31) - (36) dann $X_{TCP}(t)$, $Y_{TCP}(t)$, $Z_{TCP}(t)$, die Koordinaten des TCP-Bahnpunkts zur Zeit t.

In der Graphik in Bild 2.10 ist die TCP-Bahn bei der Bewegung von P nach Q in der Unterarm-Oberarmebene gezeichnet (also $\alpha$ konstant $= 0$ während der Bewegung). Die dicken Linien symbolisieren die Ausgangs- und Endstellung des Arms.

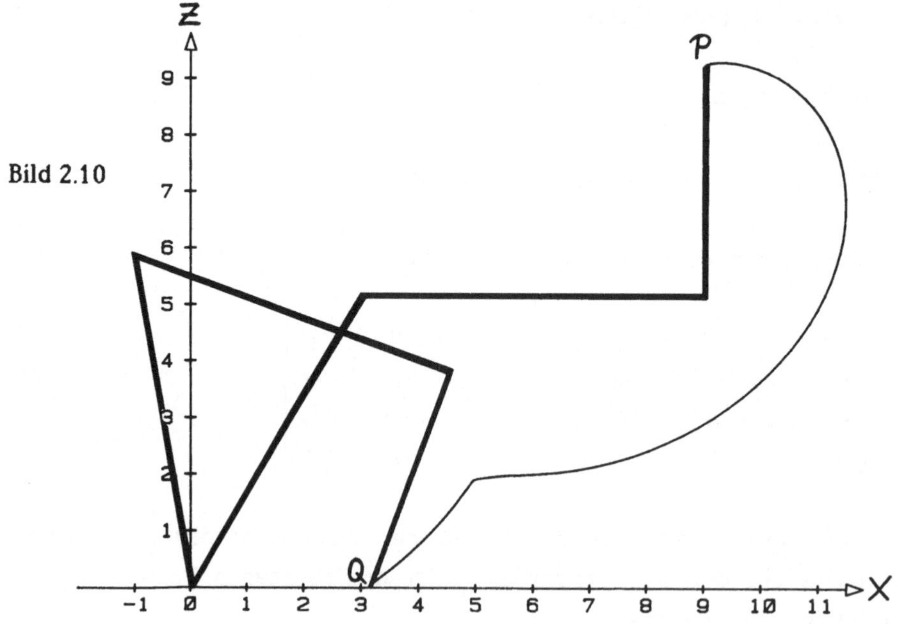

In diesem Fall ist $\gamma(Q) = -\pi/2$ , $\gamma(P) = \pi/2$ , also $\Delta\gamma = -\pi$.

Diese Graphik wurde, wie auch alle anderen Graphiken, in denen TCP-Bahnen dargestellt werden, mit Hilfe eines Plotters gezeichnet. Dabei wurde rechnerisch ein Modell mit einer Unterarm/Oberarmlänge von 6 cm und einer Handlänge von 4 cm zugrunde gelegt. Ausgehend von geeignet angenommenen Maximalgeschwindigkeiten $M_\beta$, $M_\gamma$, $M_\delta$ und Beschleunigungen $\ddot{\beta}$, $\ddot{\gamma}$, $\ddot{\delta}$ wurden, wie oben beschrieben, aus (6) zu jedem Zeitpunkt t eines Zeitrasters $X_{TCP}(t)$, $Z_{TCP}(t)$ bzgl. des verwendeten Koordinatensystems errechnet und der Reihe nach vom Plotter angesteuert.
Der Knick im Verlauf der Bahn wird dadurch verursacht, daß die Motoren zu unterschiedlichen Zeitpunkten zum Stillstand kommen, wobei die TCP-Bewegung jeweils eine Richtungsänderung erfährt. Außerdem hängt der Bahnverlauf auch deutlich von den gewählten Geschwindigkeiten und Beschleunigungen ab.

In Bild 2.11 ist die Bewegung bzgl. der Winkelgeschwindigkeiten und -beschleunigungen dreifach variiert. Es ergeben sich recht unterschiedliche TCP-Bahnen. Bemerkenswert ist dabei, daß sich die Bewegungen mit den Bahnen II und III in Bild 2.11 nur darin unterscheiden, daß die Winkelbeschleunigung $\ddot{\gamma}$ für die Hand bei III doppelt so groß ist wie bei II. Alle anderen Parameter sind gleich.

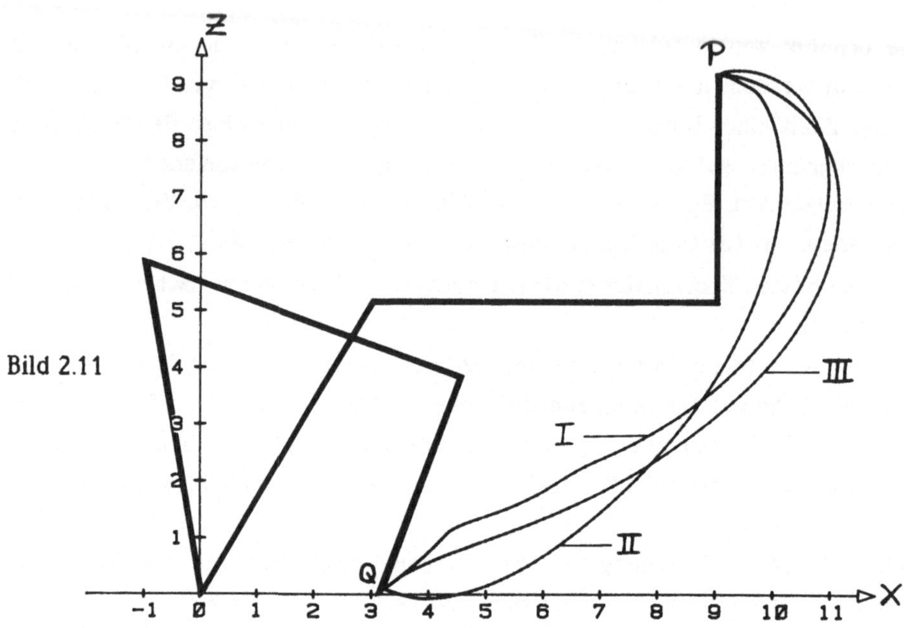



Wird ein Gelenkwinkel $\theta$ durch zusätzliche Einflüsse verändert, so wirkt sich das auf $\dot{\theta}$ aus. Beim **Parallelprinzip** z. B. ist $\dot{\delta}$, die effektive Winkelgeschwindigkeit der Ellbogenachse, das Ergebnis der **Überlagerung** der Motorgeschwindigkeit $\dot{\delta}^{(m)}$ mit der durch das Parallelprinzip verursachten Winkelgeschwindigkeit $-\dot{\beta}$. (Eine Drehung der Schulterachse mit der Geschwindigkeit $\dot{\beta}$ bewirkt ja beim Parallelprinzip eine Drehung der Ellbogenachse mit der Geschwindigkeit $-\dot{\beta}$). Es ist dann $\dot{\delta} = \dot{\delta}^{(m)} - \dot{\beta}$ (siehe dazu Bild 2.12!).

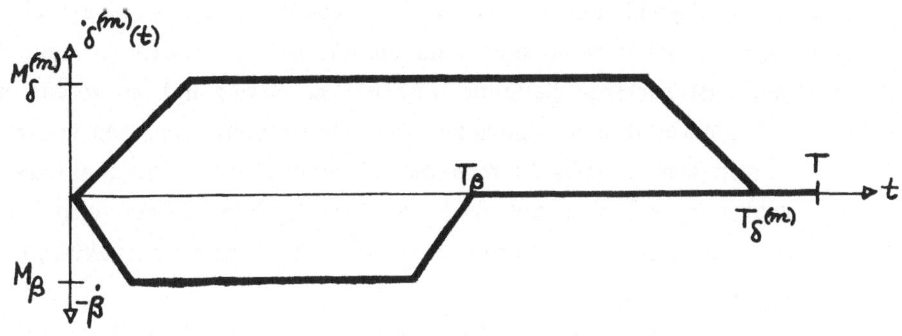

Bild 2.12

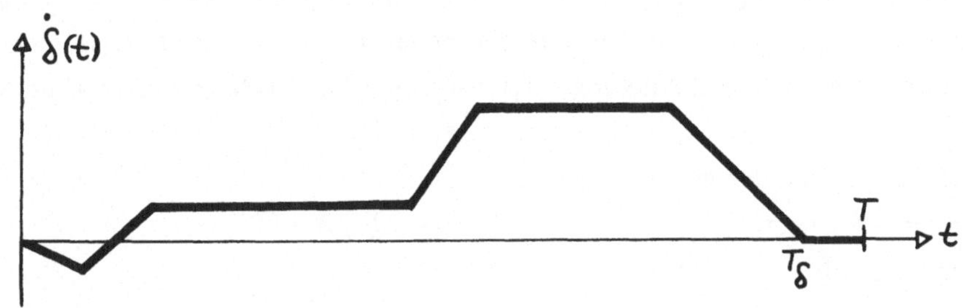

$\delta(t)$ ergibt sich durch Integration von $\dot\delta$, $0 \le t \le T$. $\Delta\delta^{(m)}$ ist für $\Delta\beta \ne 0$ stets verschieden von $\Delta\delta$. Im gezeichneten Beispiel gilt $\Delta\delta < \Delta\delta^{(m)}$.

Wie wir aus den Beispielen sehen, kann die Bahn bei der PTP-Steuerung geknickt sein und weicht meistens ziemlich von der geraden Verbindungsstrecke der Punkte ab. Befindet sich nun ein Hindernis im Bereich dieser Bahn, so käme es bei einer direkten Ansteuerung von Punkt zu Punkt zu einer Kollision. Um dies zu vermeiden, ist die Auswahl einer genügend großen Zahl von Zwischenpunkten erforderlich, die eine "Ausweichbahn" um das Hindernis markieren. Allgemein nennt man das Verfahren, Zwischenpunkte hinzuzunehmen, **Interpolation**.

Es gibt mehrere Möglichkeiten zu interpolieren. Kommt es uns weniger auf die räumliche Lage der Bahn, dafür aber mehr auf die Art der Bewegung längs der Bahn an (möglichst ruckfrei gleitende, nichtwellige Bewegung), so sorgen wir dafür, daß alle Motoren ihre Bewegung zum gleichen Zeitpunkt beginnen und auch beenden. Nehmen wir etwa als Zwischenpunkte Punkte der Verbindungsstrecke zwischen zwei Punkten im Roboterkoordinatenraum, interpolieren also linear zwischen zwei Gelenkwinkelvektoren bzw. zwei Achsenstellungsvektoren, so nennt man das **Achseninterpolation**.

Für je zwei Gelenkwinkel $\Theta_1$ und $\Theta_2$ ist dann $\Theta_2(t) = m_{21}(\Theta_1(t) - \Theta_1(t_0)) + \Theta_2(t_0)$ , wobei $m_{21}$ die Steigung der Verbindungsgeraden zwischen Anfangs- und Endpunkt im $\Theta_1$-$\Theta_2$-Diagramm ist (vgl. Bild 2.13 für $\Theta_1 = \beta$ , $\Theta_2 = \delta$).

Daher ist $\dot{\Theta}_2(t) = m_{21} \cdot \dot{\Theta}_1(t)$ und auch $\ddot{\Theta}_2(t) = m_{21} \cdot \ddot{\Theta}_1(t)$. T ist wieder das Maximum aller $T_\Theta$ , die sich nach (5) ohne Interpolation ergeben. Sei $T = T_{\Theta_1}$ . Alle Motoren mit $T_{\Theta_i} < T$ müssen mit der neuen Geschwindigkeit $\dot{\Theta}_i^{(*)}(t) = m_{i1} \cdot \dot{\Theta}_1(t)$ und der neuen Beschleunigung $\ddot{\Theta}_i^{(*)}(t) = m_{i1} \cdot \ddot{\Theta}_1(t)$ verlangsamt bewegt werden.

Ein Beispiel soll das verdeutlichen:
Sei $\Theta_1 = \beta$ , $\Theta_2 = \delta$, $\beta_P = 30°$ , $\beta_Q = 90°$ , $\delta_P = 20°$ , $\delta_Q = 60°$ ,
$M_\beta = M_\delta$ , $\ddot{\beta} = \ddot{\delta}$ und $\beta$, $\delta$ wie in (6) definiert.

Tragen wir $\delta$ gegen $\beta$ auf, so sieht die Bahn ohne Interpolation wie die dünne Linie in Bild 2.13 aus. Die Steigung der durch P und Q bestimmten Geraden ist 2/3, also: $m_{\delta\beta} = 2/3$. Offenbar ist hier $T = T_\beta$. Somit ergeben sich als neue Geschwindigkeit und neue Beschleunigung für $\delta$ bei Achseninterpolation:
$\dot{\delta}^{(*)} = 2/3 \cdot \dot{\beta}$ und $\ddot{\delta}^{(*)} = 2/3 \cdot \ddot{\beta}$. Das entspricht dann der dicken Linie in Bild 2.13. Die Graphen von $\beta$, $\delta$ und $\delta^{(*)}$ lassen sich qualitativ so angeben, wie es in Bild 2.14 dargestellt ist.

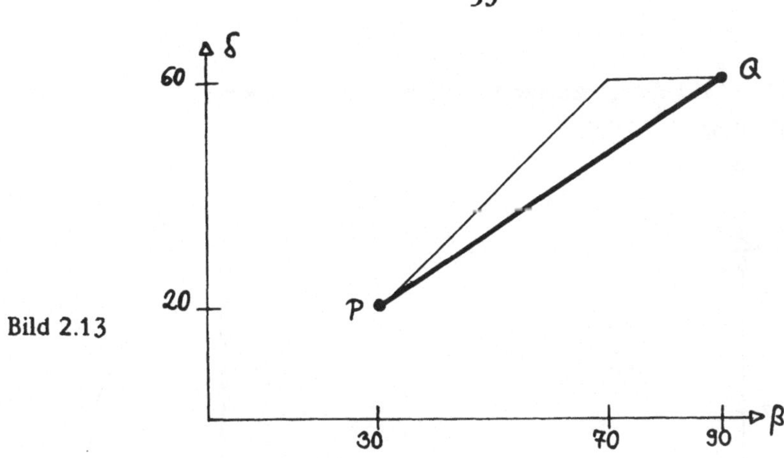

Bild 2.13

Bild 2.14

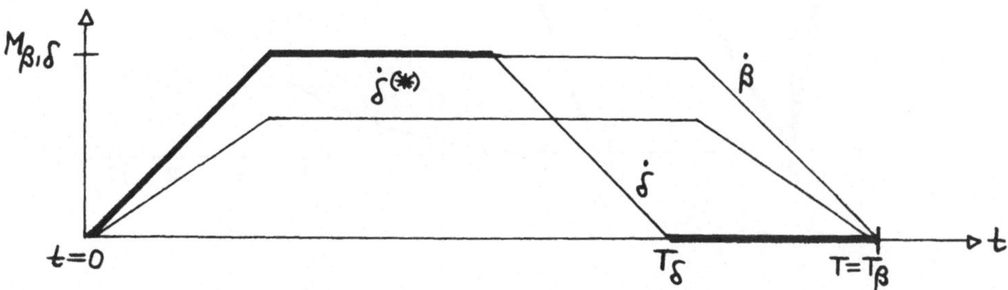

In Bild 2.15 liegt dieselbe Bewegung wie in Bild 2.10 zugrunde, nur ist dabei die Achseninterpolation realisiert. Die Bahn im kartesischen X-Z-Raum entspricht den Erwartungen, weicht aber beträchtlich von der Verbindungsstrecke zwischen P und Q ab.

Der **minimal mögliche Abstand zweier Zwischenpunkte** im Roboterkoordinatenraum hängt von den **physikalischen Charakteristika** der Roboterkonstruktion ab, etwa von der Auflösung des Wegmeßsystems, der Ansprechträgheit und der minimalen Laufdauer der Motoren und auch von den Über- bzw. Untersetzungsverhältnissen der Getriebe. Daraus errechnet sich der minimale Abstand eines Zwischenpunktes (im kartesischen Raum) zum vorausgehenden gemäß den

Formeln 2.2 (31) - (36). Dieser Abstand ist nicht konstant, sondern variiert mit der momentanen Position.

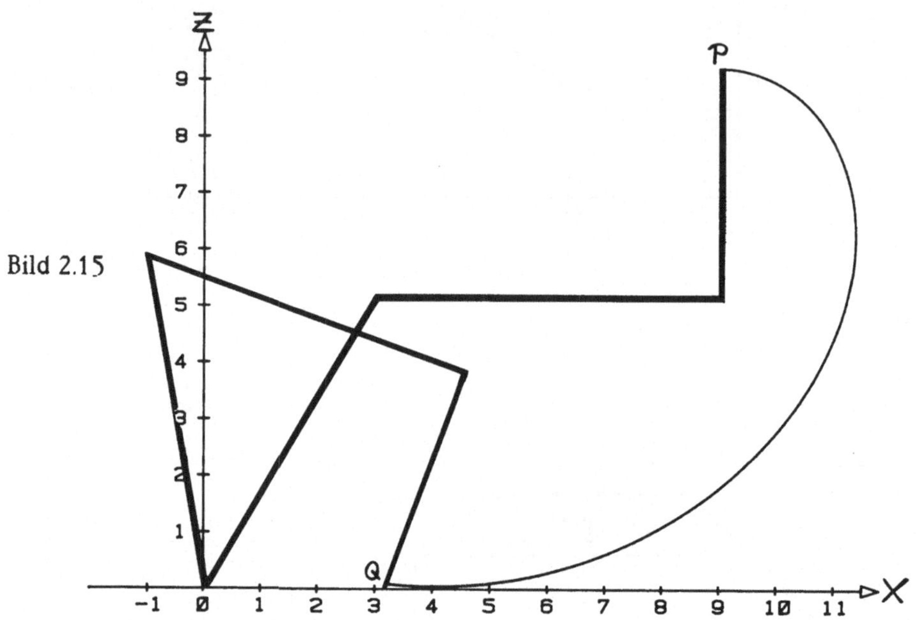


Bild 2.15

Bedingt durch die Beschleunigungs- und Bremsphasen (→ Parabelbögen) ergibt sich für die Graphen der Gelenkwinkel als Funktionen der Zeit ein welliger Verlauf. In Bild 2.16 ist dies für 2 Zwischenpunkte bei PTP-Bewegung veranschaulicht.

Die horizontalen Bereiche im Graphen zeigen, daß es sich dabei nicht um eine Achseninterpolation handelt. In diesem Fall würden ja alle Motoren gleichzeitig die beiden Zwischenpositionen erreichen und sofort wieder verlassen. Auf jede Bremsphase vor den Zwischenpunkten müßte eine Beschleunigungsphase nach den Zwischenpunkten folgen.

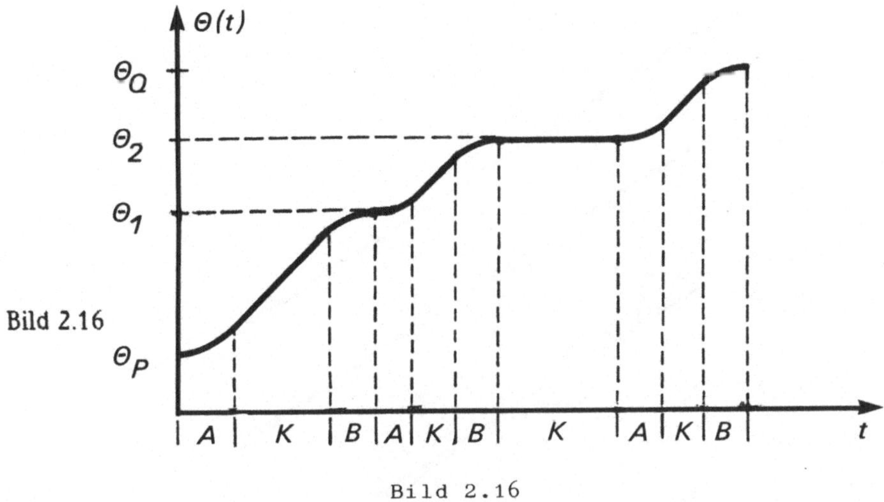



Bild 2.16

Bild 2.16

Liegen die **Zwischenpunkte** bei der Interpolation im kartesischen Raum **auf Kreis- bzw. Parabelbögen**, so sprechen wir von **zirkularer bzw. parabolischer Interpolation**.

Betrachten wir nun die Bewegung des TCP längs einer beliebigen Raumkurve im kartesischen Raum. Durch geeignete Wahl von genügend vielen Kurvenpunkten als Zwischenpunkte läßt sich diese Bewegung mit für viele Anwendungen ausreichender Genauigkeit auch unter PTP-Steuerung approximieren. Wir haben durch diese **Multipunktsteuerung** eine Art Bahnsteuerung erreicht.
Betrachten wir als Beispiel die Bewegung von P nach Q, wie sie in Bild 2.10 dargestellt ist. Nur nehmen wir jetzt Punkte der Verbindungsstrecke von P und Q im kartesischen Raum als Zwischenpunkte, approximieren also eine geradlinige Bewegung von P nach Q. Die Bewegung zwischen je 2 benachbarten Punkten erfolgt dabei unter PTP-Steuerung. In Bild 2.17 sind die **TCP-Bahnen bei der Wahl von 0,1,7,15, 50 Zwischenpunkten** angegeben. Für den Plot haben wir die Winkelgeschwindigkeiten und -beschleunigungen gegenüber den in Bild 2.10 und 2.11 dargestellten Bewegungen etwas abgeändert.

**Bild 2.17**

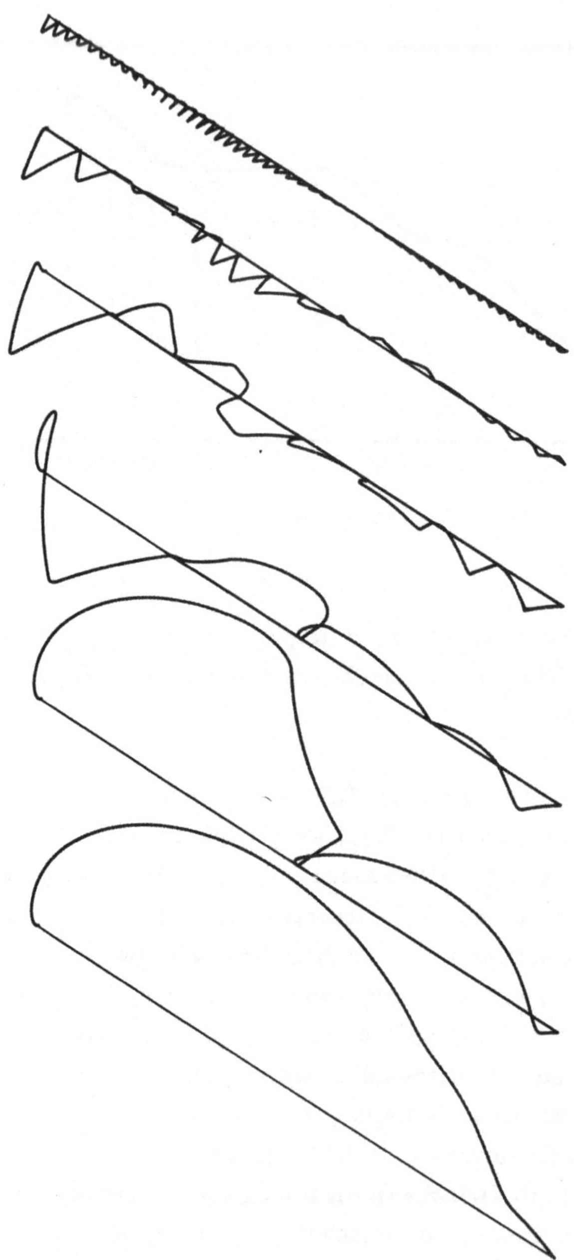

Eine **echte Bahnsteuerung**, bei der sich der **TCP** zu jedem Zeitpunkt der Bewegung **exakt auf einer vorgegebenen Raumkurve** befindet, ist aus Gründen der Steuerung des Roboters durch einen Rechner praktisch nicht möglich. Der Rechner gibt Steuerbefehle nur zu diskreten Zeitpunkten aus und registriert Sensormeldungen auch nur auf diese Weise. Zwischen 2 solchen Zeitpunkten befindet sich das gesamte Robotersystem in einer unkontrollierten Phase. Der **Systemzustand** und das **Systemverhalten** werden durch die beim letzten "**Rechnerkontakt**" übermittelten Daten bestimmt.

Bei einer Bahnsteuerung entfallen gegenüber der Multipunktsteuerung die Stopps des Roboterarms bei jedem Zwischenpunkt. Dadurch wird die Bewegung ruckfrei und gleitend. Bei der Planung der Bewegung spielt nicht nur die Momentanposition, sondern auch die momentane Geschwindigkeit und Beschleunigung jeder Achse eine Rolle. Wenn man alle kinematischen Parameter mit einbezieht, spricht man von **Trajektorienplanung**. Deren Realisation stellt wesentlich höhere Anforderungen an die Steuerung eines Roboters als das bei der PTP- bzw. Multipunkt-Steuerung der Fall ist. Ein einzelner Achsenmotor bewegt sich bei der Bahnsteuerung in Abhängigkeit von der Trajektorie und indirekt von den jeweiligen Bewegungen der anderen Motoren. Im Gegensatz zur PTP-Steuerung besteht nicht mehr die Maxime, den neuen Gelenkwinkel so schnell wie möglich einzustellen.

Um einen Eindruck von den Achsenbewegungen bei der Bahnsteuerung zu bekommen, wollen wir ein Beispiel untersuchen.
Aus Gründen der einfacheren Darstellbarkeit beschränken wir uns dabei auf eine Bewegung ohne Hand in der X-Z-Ebene (also $Y=0$, $\alpha=0$)). Die **Spitze des Unterarms** soll sich **von P nach Q** längs der Strecke [PQ] unter **folgenden Bedingungen** bewegen: Von der Ruhelage in P (Geschwindigkeit 0) soll mit der Bahnbeschleunigung $a > 0$ konstant beschleunigt werden, bis die Geschwindigkeit $v > 0$ im Punkt S erreicht ist. Von S bis E soll die Bahngeschwindigkeit konstant v sein. Von E bis Q soll mit Bremsbeschleunigung $-a$ konstant verzögert werden, bis in Q der Stillstand erreicht ist (siehe Bild 2.19).

Diese Bedingungen ähneln sehr den Bedingungen 2.3 (2) bei der PTP-Steuerung, nur beziehen sie sich nicht wie dort auf einen Achsenmotor unabhängig von den anderen, sondern auf die Bahn im kartesischen Raum, die das Ergebnis des Zusammenwirkens aller Motoren ist.

Bild 2.18

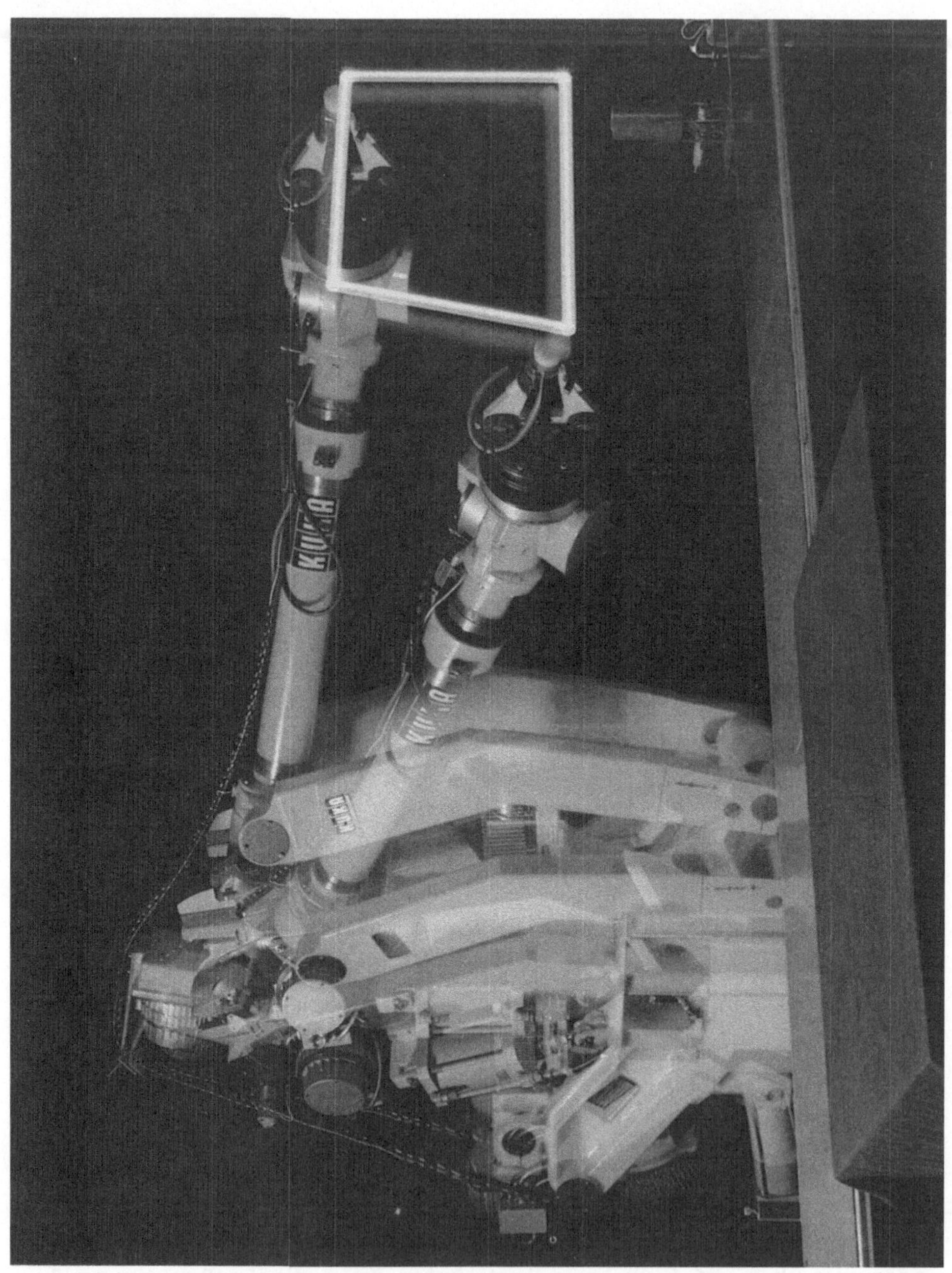

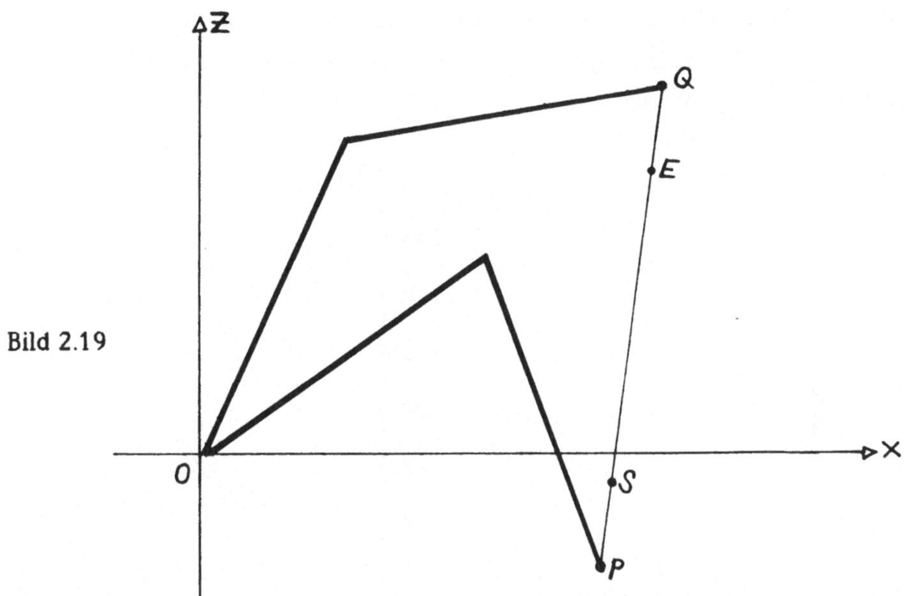

Bild 2.19

Wir bezeichnen mit $t_S$ bzw. $t_E$ den Zeitpunkt, an dem sich die Unterarmspitze in S bzw. in E befindet. T sei die Dauer der Gesamtbewegung.

Es ist $v(t_S) = v = a \cdot t_S \Rightarrow t_S = v/a$. Genauso: $T - t_E = v/a$.
$\overline{SE} = \overline{PQ} - \overline{PS} - \overline{EQ} = \overline{PQ} - 1/2 \cdot a \cdot t_S - 1/2 \cdot a(T - t_E)^2 = \overline{PQ} - v^2/a$.
$t_E - t_S = \overline{SE}/v = \overline{PQ}/v - v/a$ , $T = t_S + (t_E - t_S) + (T - t_E) = v/a + \overline{PQ}/v$

Damit haben wir:

$$s(t) = \begin{cases} 1/2 \cdot a \cdot t^2 & 0 \le t \le t_S \\ 1/2 \cdot v^2/a + v(t - t_S) & t_S \le t \le t_E \\ \overline{PQ} - 1/2 \cdot a(T - t)^2 & t_E \le t \le T \end{cases}$$

Betreiben wir etwas affine Geometrie: Seien $\vec{p}$, $\vec{q}$ und $\vec{m}(t)$ die Ortsvektoren von P, Q und der Momentanposition der Unterarmspitze auf [PQ] . $\hat{e}$ sei ein Einheitsvektor in Richtung $\vec{q} - \vec{p}$. Dann gilt:

$$\vec{m}(t) = \vec{p} + s(t)\cdot\vec{e} \qquad\qquad ( \ \vec{m}(t) = (X(t), Z(t)) \ )$$

Die Gleichungen 2.2 (17) und (18) liefern uns damit $\beta(t)$ und $\delta(t)$ für $0 \leq t \leq T$. In Bild 2.20 sind die Graphen von $\beta$ und $\delta$ als Funktionen der Zeit während der Bewegung von P nach Q angegeben.

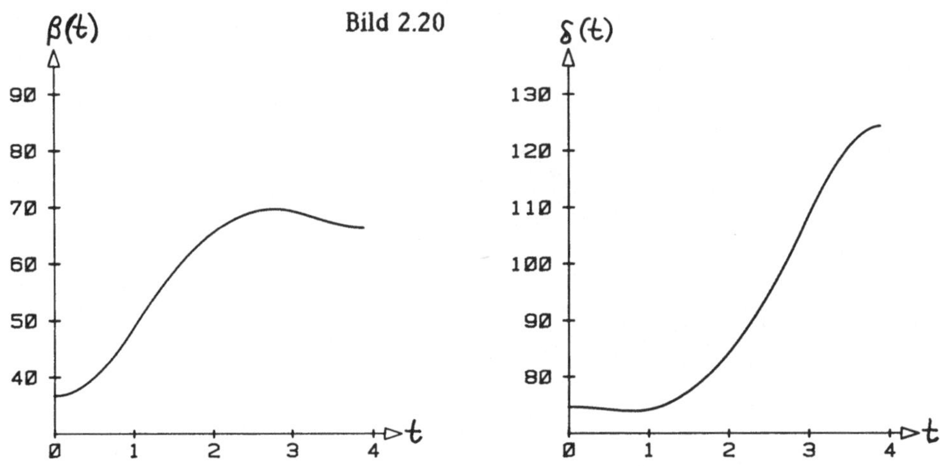


Natürlich müssen wir uns darüber im klaren sein, daß wegen der schon erwähnten Wirksamkeit der Steuerung nur zu diskreten Zeitpunkten dieser Verlauf für $\beta(t)$, $\delta(t)$ in der Praxis nur approximiert werden kann.

Vermitteln wir uns eine Vorstellung von der Güte dieser Approximation:
Dazu legen wir ein Zeitraster mit Rastergröße $\Delta t$ über den gesamten Bewegungsablauf und nehmen an, daß Änderungen von Parametern durch die Robotersteuerung stets an den Rasterpunkten erfolgen. Dadurch entsteht eine Folge von Zeitpunkten $(t_n)_{n=0,1,\dots,k}$ , wobei $t_0 = 0$ und $t_k = T$ ist. Abgeleitet davon ergeben sich Folgen $(\beta_n)$ und $(\delta_n)$ , $n=0,1,\dots,k$ wobei $\beta_n := \beta(t_n)$ und $\delta_n := \delta(t_n)$. $\dot{\beta}_n$ und $\dot{\delta}_n$ sind die Winkelgeschwindigkeiten und $\ddot{\beta}_n$, $\ddot{\delta}_n$ die Winkelbeschleunigungen zum Zeitpunkt $t_n$. Da die Bewegung aus der Ruhe heraus erfolgen soll, ist $\dot{\beta}_0 = \dot{\delta}_0 = 0$. Um nur ein Symbol schreiben zu müssen, stehe nun $\Theta$ für $\beta$ bzw. $\delta$.

Wir setzen folgendes Steuerungsverfahren ein: Der Rechner gibt zu jedem Zeitpunkt $t_n$ einen realen Beschleunigungswert $\ddot{\theta}_n^{(r)}$ für jeden Motor aus. Dieser Wert unterscheidet sich i. allg. vom Wert $\ddot{\theta}_n$, der sich durch zweimalige Differentiation von $\theta(t)$ an der Stelle $t = t_n$ ergibt. $\ddot{\theta}_n$ ist der genaue Wert der "Sollwinkelbeschleunigung" zum Zeitpunkt $t_n$. Wie man aus 2.2 (17), (18) sieht, ist die zweimalige Differenzierbarkeit von $\theta(t)$ gesichert, wenn $X(t)$, $Z(t)$ zweimal differenzierbar sind und $X(t)$, $Z(t)$ nicht beide 0 sind (diese Bedingungen sind in unserem Beispiel erfüllt).

Wir aber wollen die Beschleunigung während des Zeitraums $[t_n; t_{n+1}]$ nicht durch Differentiation ermitteln, sondern setzen sie konstant $\ddot{\theta}_n^{(r)}$, wobei $\ddot{\theta}_n^{(r)}$ noch zu berechnen ist. Die Folgen $(\dot{\theta}_n^{(r)})_{n=0, \dots, k-1}$ (auch $\dot{\theta}_n^{(r)}$ unterscheidet sich i. allg. von der "Sollwinkelgeschwindigkeit" $\dot{\theta}_n$) und $(\ddot{\theta}_n^{(r)})_{n=0, \dots, k-2}$ erhalten wir rekursiv auf folgende Weise:

$$\dot{\theta}_0^{(r)} = 0 \tag{7}$$

$\ddot{\theta}_n^{(r)}$ soll den Wert haben, daß für $\theta^{(r)}(t) = \theta_n + \dot{\theta}_n^{(r)}(t - t_n) + 1/2 \cdot \ddot{\theta}_n^{(r)}(t - t_n)^2$, die Gleichung der gleichförmig beschleunigten Bewegung zwischen $\theta_n$ und $\theta_{n+1}$, gilt: $\theta^{(r)}(t_{n+1}) = \theta_{n+1}$ $\Rightarrow$

$$\ddot{\theta}_n^{(r)} = (\theta_{n+1} - \theta_n - \dot{\theta}_n^{(r)}(t_{n+1} - t_n)) \cdot 2/(t_{n+1} - t_n)^2 \tag{8}$$

Damit ergibt sich weiter $\dot{\theta}_{n+1}^{(r)}$:

$$\dot{\theta}_{n+1}^{(r)} = \dot{\theta}_n^{(r)} + \ddot{\theta}_n^{(r)}(t_{n+1} - t_n) \tag{9}$$

Betrachten wir nun das letzte Zeitintervall $[t_{k-1}, t_k]$:
Aus (9) erhalten wir $\dot{\theta}_{k-1}^{(r)} = \dot{\theta}_{k-2}^{(r)} + \ddot{\theta}_{k-2}^{(r)}(t_{k-1} - t_{k-2})$.
Da am Endpunkt Stillstand sein soll, muß während $[t_{k-1}, t_k]$ die Geschwindigkeit von $\dot{\theta}_{k-1}^{(r)}$ auf 0 reduziert werden. Dies bedingt eine Bremsbeschleunigung $\ddot{\theta}_{k-1}^{(r)} = -\dot{\theta}_{k-1}^{(r)}/(t_k - t_{k-1})$. Dieser Wert unterscheidet sich (wegen der Abweichung von $\dot{\theta}_n^{(r)}$ bzw. $\ddot{\theta}_n^{(r)}$ von den Sollwerten $\dot{\theta}_n$ bzw. $\ddot{\theta}_n$) von dem Wert, der sich für $n = k-1$ aus (8) ergäbe.

Da $\theta(t)$ zwischen $\theta_n$ und $\theta_{n+1}$ durch die Gleichung $\theta^{(r)}(t) = \theta_n + \dot{\theta}_n^{(r)}(t - t_n) + 1/2 \cdot \ddot{\theta}_n^{(r)}(t - t_n)^2$, deren zugehöriger Graph eine Parabel ist, approximiert wird, können wir von einer Art **parabolischer Interpolation bzgl. der Roboterkoordinaten** sprechen.

## 2.4 Programmierung

Zusammenfassung

**Im 1. Teil dieses Abschnitts wird das Umfeld diskutiert, das für die Programmierung eines Robotersystems erforderlich ist: Wahl eines geeigneten Koordinatensystems, sowie einer Ausgangsposition des Roboterarms bzgl. dieses Systems. Sollwerte für die Winkel bzw. für die TCP-Position werden vom System ermittelt und vorgegeben, die entsprechenden Istwerte werden unabhängig von der Steuerung vom Wegmeßsystem unter Verwendung geeigneter Meßwertgeber, wie etwa Winkelcodierer oder Incrementalgeber, geliefert. Aufgabe des Systems ist es, den Roboter so zu steuern, daß die aktuellen Istwerte in die aktuellen Sollwerte übergehen.**

**Im 2. Teil werden die wichtigsten Programmierverfahren vorgestellt. Das erstreckt sich von den einfachsten Anwendungen bei fest verdrahteten elektromechanischen Steuerungen über die Lernverfahren bis hin zur Off-line-Programmierung mit Computersimulation des gesamten Robotereinsatzes.**

Die in 2.3 untersuchten Roboterbewegungen sind Auswirkungen eines auf dem Steuerrechner des Roboters ablaufenden Programms. Wir betrachten nun den Hintergrund für die Programmierung, die verschiedenen Programmierverfahren und die Hilfsmittel bei Erzeugung und Ablauf der Programme.

### 2.4.1 Grundsätzliches

Die ideale Robotersteuerung bestünde darin, daß jeder Motor zu jedem Zeitpunkt mit den für die exakte Realisation einer Trajektorie erforderlichen Geschwindigkeits- und Beschleunigungswerten gefahren würde. Das ist jedoch nicht nur unmöglich, sondern in Anbetracht der schon erwähnten konstruktionsbedingten Ungenauigkeiten auch nicht notwendig.

Eine reale Robotersteuerung funktioniert im Prinzip so, wie es im letzten Abschnitt von 2.3 beschrieben wurde: **Zu den Zeitpunkten eines Zeitrasters werden die jeweils aktuellen Steuerungsparameter ausgegeben.** Letztlich entsteht dadurch eine Folge von Spannungs- und Stromwerten für jeden Motor.

Was ist nun der Weg von einer geplanten Bewegung bis zu dieser Folge?

Zunächst benötigen wir zur Beschreibung der Bewegung ein geeignetes **Koordinatensystem**, dessen Charakteristika von der Roboterkonstruktion und der Steuerungsart abhängen. Dann müssen wir eine eindeutig bestimmte Lage aller Teile des Roboters zueinander, sowie zur Standfläche, als **Ausgangsposition** festlegen. Dadurch wird die **Nullpunktslage aller Gelenkwinkel** definiert. Die Ausgangsposition ist im Prinzip willkürlich wählbar - aus naheliegenden Gründen wird man sie aber so bestimmen, daß z. B. der TCP etwa "in der Mitte" des Arbeitsraums liegt, oder daß die einzelnen Teile des Arms Positionen einnehmen, deren Richtigkeit leicht überprüfbar ist. Für unseren Modellroboter mit 4 Freiheitsgraden können wir etwa folgende Ausgangsposition definieren:

Bild 2.21

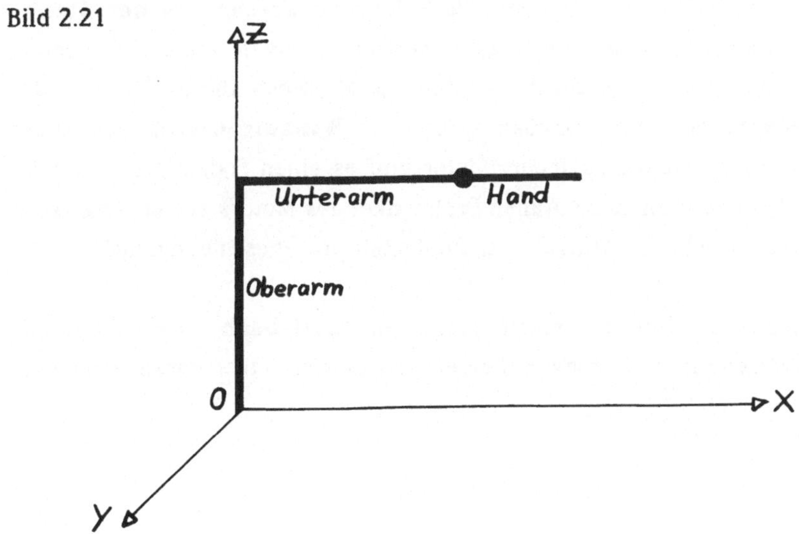

Der Oberarm weist in Richtung der Z-Achse, der Unterarm und auch die Hand in Richtung der X-Achse. Bezüglich der bisherigen Definition (in 2.2) der Roboterkoordinaten $(\alpha,\beta,\gamma,\delta)$ erhalten wir also in der Ausgangsposition:

$$\alpha_0 = 0°, \ \beta_0 = 90°, \ \gamma_0 = 0°, \ \delta_0 = 90°$$

Der Arm befindet sich in der **Ausgangsposition**, wenn gilt:

$$(\alpha,\beta,\gamma,\delta) \ = \ (\alpha_0,\beta_0,\gamma_0,\delta_0)$$

Die **Ausgangsposition** muß durch ein **vom Steuersystem unabhängiges Verfahren** (z. B. optische Vermessung) eingestellt werden. Nach der Einstellung kann eine **Fixierung** auf elektromechanischem Wege erfolgen. Es können z. B. Schalter angebracht werden, die eben genau dann alle auf "EIN" stehen, wenn die Ausgangsposition erreicht ist. Auch könnte man in der Ausgangsposition die momentanen Strom/Spannungswerte von Präzisionspotentiometern, die an den Gelenkachsen sitzen, nicht-flüchtig speichern.

Ausgehend von der Ausgangsposition muß unser Steuerprogramm die **Steuerungsparameter protokollieren**, um jederzeit einen Vergleich zwischen Ist- und Sollwerten durchführen zu können. Die **Sollwerte** werden **von der Steuerung vorgegeben** - die **Istwerte** dagegen müssen von einem von der Steuerung unabhängigen **Meßsystem geliefert** werden. Die Meßwerte dieses Systems, das man **Wegmeßsystem** nennt, werden z. B. über **Winkelcodierer** oder über **Incrementalgeber** erzeugt. Zu jedem Motor gibt es einen Codierer bzw. Geber, der eine Aussage über den momentanen Drehwinkel des Motors zuläßt. Abgeleitet davon werden Drehrichtung, Winkelgeschwindigkeit und -beschleunigung.

Unsere Steuerung arbeitet mit einem ständigen **Feed-back vom Wegmeßsystem.** Wir werden in den nächsten beiden Abschnitten näher darauf eingehen.

## 2.4.2 Programmierverfahren

Das wohl einfachste Verfahren besteht in einer **elektromechanischen Steuerung** durch End- und Umkehrschalter, etc., in Zusammenarbeit mit nicht programmierbarer einfacher Elektronik. Das "Programm" wird durch die Position und Art der Schalter und durch die Charakteristika der verwendeten elektronischen Bauteile bestimmt. Es ist also fest verdrahtet und kann nur über Hardware-Eingriffe geändert werden. Dieses Verfahren hat heute kaum mehr Bedeutung und ist auf einfachste Anwendungen beschränkt.

Heutzutage noch vielfach im Einsatz sind die **Lernverfahren** (teaching by showing). Dabei gibt es mehrere Varianten:

- **Bewegungsprogrammierung** durch Einstellen des TCP ohne Antrieb. Die jeweiligen Werte des Wegmeßsystems werden bei jeder Einstellung gespeichert. Beim Programmablauf werden die gespeicherten Positions- und Orientierungswerte via PTP-Steuerung realisiert.

- **Master-Slave-Programmierung**. Der Programmierer steuert durch eigene Armbewegungen über einen Übertragungsmechanismus (z. B. kleiner Modellrobotarm) den Roboter. Alle Parameter dieser "Master-Bewegungen" werden in einem bestimmten Zeitraster gespeichert. Beim Programmablauf werden sie der Reihe nach im selben Zeitraster ausgegeben und bewirken so die gewünschte "Slave-Bewegung". Dieses Verfahren ist relativ aufwendig von der Hardware her und wird deswegen hauptsächlich dort angewendet, wo ein direktes Registrieren der Bewegungen des eigentlichen Roboters nicht oder nur erschwert möglich ist (z. B. in "heißen Zellen" von Kernkraftwerken).

- **Teach-in-Programmierung**. Dabei steuert der Programmierer den Roboter über ein tragbares Programmiergerät, das in Größe und Funktion einem Taschenrechner ähnelt (Teach control). Dadurch kann er bei Feineinstellungen "hautnah" an den TCP herankommen. Anders als beim Einstellen ohne Antrieb werden gewünschte Positionen, über die Tastatur gesteuert, mit Antrieb angefahren und gespeichert. Da das Abspeichern erst auf Tastendruck erfolgt, werden Ungeschicklichkeiten des Programmierers (Fehlbedienungen, "Einpendeln" des TCP in die gewünschte Position, etc.) beim späteren Ablauf nicht wirksam. Moderne Teach-in-Verfahren beinhalten nicht nur das Abspeichern von Positionsdaten und deren Realisation über PTP, sondern gestatten es darüber hinaus auch noch, Geschwindigkeiten, Beschleunigungen, Zeitdauer, Pausen bei der Bewegung, Zahl der Wiederholungen einer Bewegung, etc. festzulegen. Auch kann nach Abspeicherung mehrerer Positionen eine verbindende Bewegungsbahn definiert werden (z. B. bei 2 Positionen: lineare Interpolation - Bewegung längs der Verbindungsstrecke, bei 3 Positionen: circulare oder parabolische Interpolation - Bewegung längs der durch die Positionen bestimmten Kreis- oder Parabelbahn).

Nachteilig bei den Lernverfahren sind die durch die Programmierung bedingten Ausfallzeiten des Roboters für den Arbeitseinsatz. Außerdem ist eine aussagekräftige Dokumentation des Programms schlecht möglich oder kann nur auf Umwegen erreicht werden.

**Alle Lernverfahren erfolgen On-line**, d. h. der Roboter wird bei der Programmierung mit eingesetzt - er ist selbst Programmierwerkzeug. Will man das vermeiden, so muß die Sequenz der Parameterwerte einer geplanten Bewegung auf andere Weise erzeugt werden. Dies erreicht man durch **Off-line-Programmierung**. Hier wird der Arbeitseinsatz eines Roboters textuell mit Hilfe einer Programmiersprache beschrieben. Eine tiefergehende Darstellung solcher Programmiersprachen findet man z. B. in (3).

Zusätzlich zu dem wesentlich effizienteren Einsatz des Roboters bietet die Off-line-Programmierung noch weitere Vorteile. Im Gegensatz zur On-line-Programmierung, die stark bewegungsorientiert ist, kann in der Off-line-Programmierung, bei geeigneter Konzeption der verwendeten Sprache, eine **Aufgabenorientierung** erfolgen (Taskorientation). Dabei muß der Programmierer bei der Programmierung eines Handlungsablaufs nicht mehr jede Teilaktion berücksichtigen, sondern programmiert nur eine abstrakte Formulierung der Aufgabenstellung. Ein Beispiel:

Nehmen wir an, daß vom Roboter ein Loch von 6 mm Durchmesser und 30 mm Tiefe in einen Maschinensockel gebohrt werden soll. Bei On-line-Programmierung ohne weitere Hilfsmittel ist das offenbar ein schwer lösbares Problem. In einem komfortablen Off-line-Programmiersystem mit entsprechend mächtigem Hintergrund könnte die Aufgabe so gelöst werden:

Textuelle Aufgabenformulierung:

**Durchmesser: = 6; Tiefe: = 30; Orientierung: = 'senkrecht'**
**Wähle Bohrer (Durchmesser); Bohre (Position 3, Orientierung, Tiefe)**

Bild KUKA-Robot beim Bohren

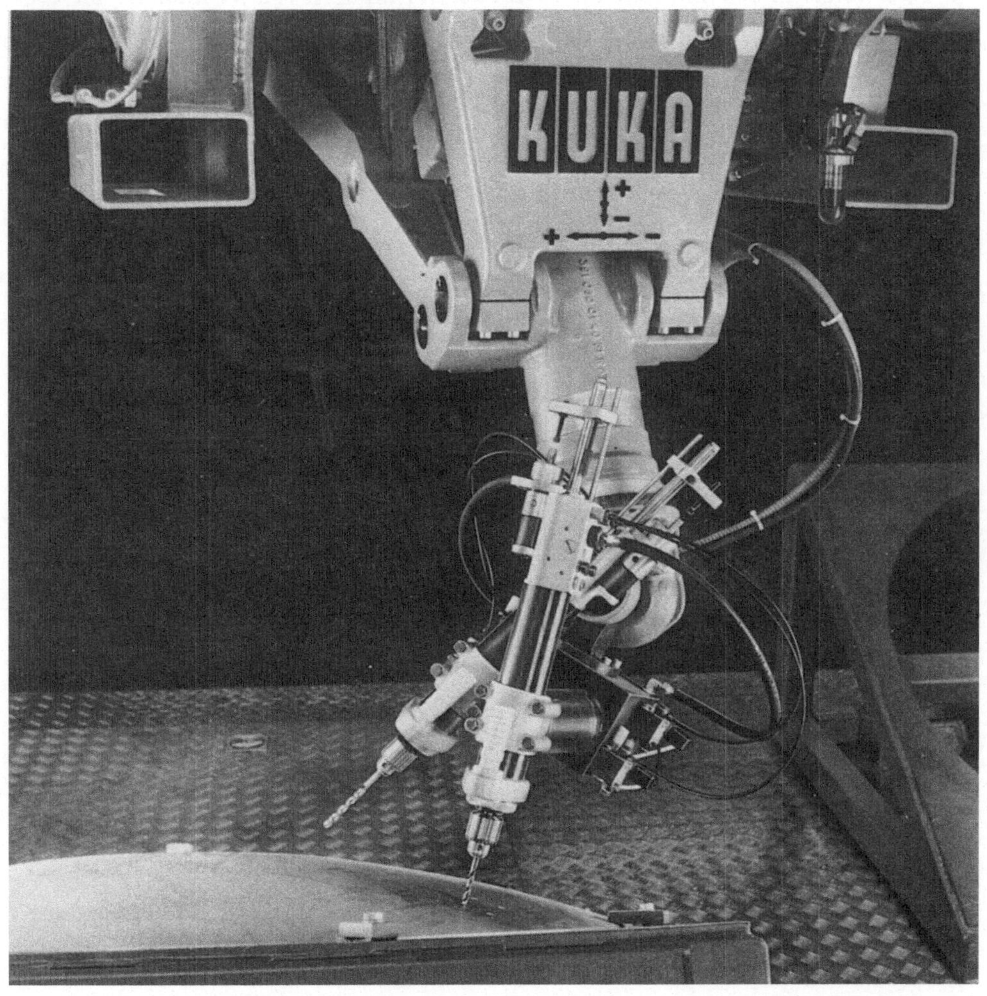

Zunächst erfolgt eine **Parameter-Wertzuweisung**, dann der Aufruf zweier **Prozeduren** mit Parameterübergabe. Die 1. Prozedur bewirkt während der Laufzeit das Anfahren eines Magazins mit mehreren Bohrköpfen und das Einklinken des 6 mm-Bohrers in die Werkzeughalterung der Hand. Die TCP-Ausgangslage wird entsprechend neu definiert (Bohrerspitze). Die 2. Prozedur setzt die Bohrung.

Dabei ist "Position 3" die TCP-Position beim Anbohren und "Orientierung" die Richtung der Flächennormalen im Punkt "Position 3". Die kartesischen Koordinaten von "Position 3" und die Gleichung der Flächennormalen müssen dem System natürlich bekannt sein. Dies kann durch Anfahren von "Position 3" mit der Bohrerspitze und folgendem senkrechten Ausrichten des Bohrers im Teach-in erfolgen. Aus den gewonnenen Meßwerten (Wegmeßsystem) errechnet das Programm Off-line z. B. die Gleichung der Flächennormalen.

Unter Berücksichtigung der rasanten Entwicklung von immer leistungsfähigeren **CAD/CAM-Systemen** (Computer Aided Design, Computer Aided Manufacturing) kann man noch einen Schritt weitergehen:

Da bei der Konstruktion des Maschinensockels bereits feststeht, wo Bohrungen welcher Art sein sollen, können die Positionen der Bohrungen und die Bohrrichtungen (Flächennormalen in der Regel) vom CAD-System errechnet und dem **CAD-File** eingegliedert werden. Diese Koordinatenangaben beziehen sich dabei auf ein "Sockel-Koordinatensystem". Bringt man später den Maschinensockel für die Bearbeitung durch den Roboter in eine ganz bestimmte Lage und sorgt für eine Transformation von Sockel- in Roboterkoordinaten, so sind auf diesem Wege z. B. "Position 3" und "Orientierung" nur durch Überspielen der CAD-Daten bekannt.

Ein gewisser Nachteil der Off-line-Programmierung besteht darin, daß ein Programmierfehler im Gegensatz zur On-line-Programmierung bis zum ersten Probelauf unentdeckt bleiben kann. Der Fehler muß gesucht und behoben werden, ein neuer Probelauf ist erforderlich - vielleicht tritt noch ein Fehler auf, usw. Es entstehen wiederum Ausfallzeiten. Dies ist vermeidbar, wenn man sich des Verfahrens der **Computersimulation** bedient. Dabei wird unter Verwendung aller verfügbaren roboterspezifischen Daten (mechanisch, elektrisch, Grenzwerte,

Toleranzintervalle, etc.) ein rechnerisches Modell des Roboters in einem Computersystem erzeugt. Die Aktionen des Roboters beim Ablauf eines bestimmten Programms werden im Rechner simuliert und mit dreidimensionaler Graphik am Bildschirm sichtbar gemacht (z. B.: Emula-System). Eventuelle **Fehler werden** dabei erkannt und gegebenenfalls **numerisch vom Computer diagnostiziert**. Damit ist auch der Probelauf Off-line möglich - mehr noch, auf diese Weise läßt sich risikolos ausprobieren, ob und wie ein Arbeitsgang "machbar" ist.


### 2.4.3 Software-Komponenten bei Programmierung und Betrieb

Jedes Robotersystem, das sowohl Off-line - als auch On-line-Programmierung gestattet, benötigt dazu etliche **Software-Komponenten**, die sich grob in drei Klassen einteilen lassen:
Das **Programmiersystem**, das **Laufzeitsystem** und das **Teach-in-System**. Diese Einteilung orientiert sich in etwa an der Darstellung in (3).


Im **Programmiersystem** ist all das enthalten, was man in der Off-line-Programmierung benötigt. Das sind vor allem die Komponenten, die für das Handling einer leistungsfähigen höheren Programmiersprache in einem Computersystem erforderlich sind. Das **Betriebssystem** verwaltet, organisiert und überwacht alle Betriebsmittel des Computersystems (wie z. B. Servicemodule, Peripheriegeräte, Rechenzeit, Input/Output-Kanäle, Speicherplatz, etc.) und die darauf laufenden Prozesse. Einige besonders wichtige Servicemodule sind **Editor**, **Compiler**, **Filer** und **Assembler**. Mit Hilfe des Editors werden die Programmtexte in einer dem Menschen verständlichen höheren Programmiersprache geschrieben und können verbessert, ergänzt und formatiert werden. Der dabei entstehende Quelltext (Sourcefile) wird von einem speziellen Übersetzerprogramm, Compiler genannt, in ein ablauffähiges Maschinenprogramm (Objectfile) übersetzt. Der Filer hat die Aufgabe, eine Manipulation der Dateien (Files) als Ganzes zu ermöglichen. Dies bezieht sich auf Operationen wie z. B. Ausdrucken einer Programmdokumentation (Listing) auf einem Drucker, Transfer einer Datei von einem externen Speichermedium auf ein anderes (Copy) und Löschen oder auch Neueinrichten einer Datei. Bei besonders zeitkritischen Aufgaben kann es sein, daß die durch den ständig

Karikatur Tennisrob

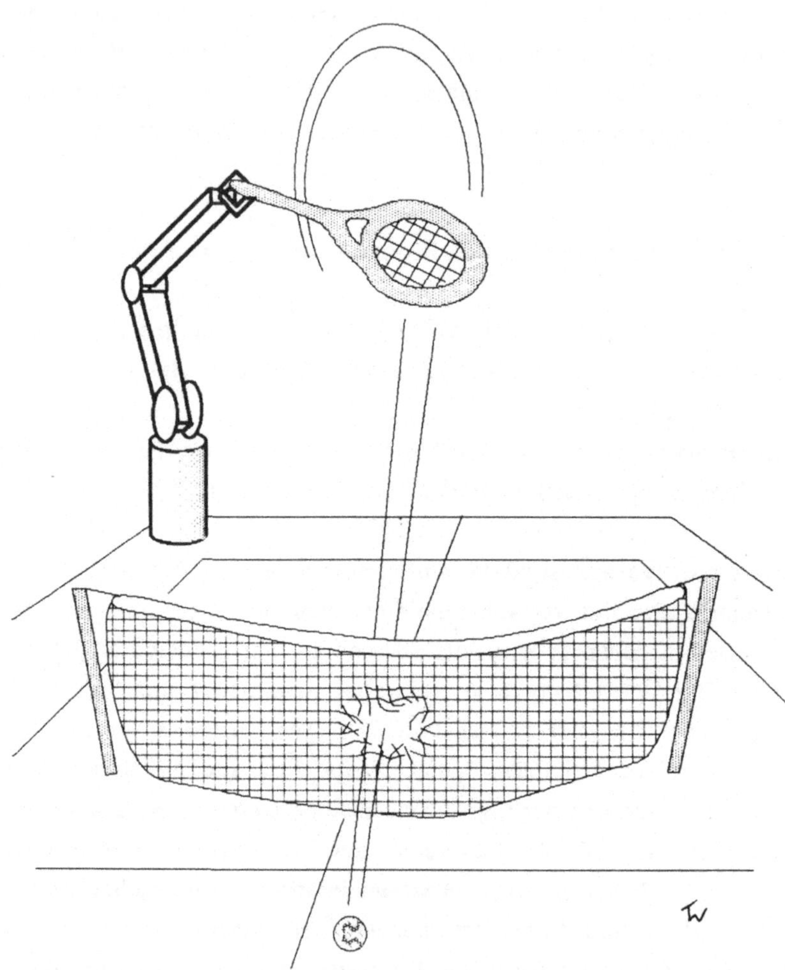

präsenten Verwaltungsaufwand der höheren Programmiersprache verursachte Verlangsamung des Programmablaufs zu Problemen führt. Dann bedient man sich eines weiteren Servicemoduls, Assembler genannt. Das ist ein Übersetzerprogramm, ähnlich dem Compiler, nur arbeitet der Assembler fast auf der untersten Maschinensprachebene. Die Programmierarbeit damit ist zwar relativ mühsam und wenig komfortabel, ermöglicht aber maximale Geschwindigkeit.

Ferner gehört zum Programmiersystem eine Datenbank mit roboter- und werkstückspezifischen Daten, mit Technologie-Informationen, Sensorcharakteristika und auch Informationen über die Umwelt des Roboters.
Software-Schnittstellen zu anderen Systemen gewährleisten den direkten Datenaustausch (z.B. Übernahme von CAD-Dateien). Schließlich sollten noch Spezialprogramme erwähnt werden, wie etwa Simulationen von Arbeitsabläufen und Roboterarbeitsplätzen.

Unter dem **Laufzeitsystem** wollen wir alle diejenigen Software-Komponenten verstehen, die für den vorgesehenen Betrieb des Roboters während des Arbeitsprozesses nötig sind. Da die CPU (Central Processing Unit) des Off-line-Programmiersystems für universelle Anwendungen konzipiert ist und einen entsprechend gestalteten Befehlssatz besitzt, ist eine direkte Ansteuerung des Roboters über Maschinenbefehle nicht möglich. Beim Ablauf des Programms werden daher nur Symbole aus einem klar definierten Vorrat ausgegeben. Diese Symbole werden sukzessive während des Ablaufs von einem Interpreter übersetzt und in Roboteranweisungen umgewandelt. Dies bedeutet zwar einen erhöhten Aufwand, hat aber auch einen Vorteil: Nur der Interpreter, nicht aber das Off-line-Programmiersystem, ist vom Typ des Roboters abhängig.

## 2.5 Reale Welt und Modellwelt

Zusammenfassung

**In diesem Abschnitt werden zunächst Begriffe wie innerer, äußerer Zustand eines Automaten, Ereignis, Welt und Modellwelt erklärt. Am Beispiel eines einfachen Einlegeautomaten für eine Formpresse werden diese Begriffe veranschaulicht.**
**Entscheidend für die korrekte Funktion eines Roboters ist die Synchronisation von Welt und Modellwelt, wobei das Einmessen des Roboters eine entscheidende Rolle spielt.**
**Im weiteren wird der Einsatz von Sensoren diskutiert, die als reaktive Steuerungselemente der Roboterarbeitskraft eine neue Qualität verleihen.**
**Zum Schluß wird noch kurz die Konzeption einer Robotersteuerung gestreift, die menschenähnliche Leistungen erbringen könnte.**

Wir können einen Automaten als ein Gerät mit einer bestimmten Anzahl von inneren Zuständen betrachten. Die 'Funktion' des Automaten besteht darin, eine gewisse Aufeinanderfolge solcher Zustände zu realisieren. Sind die Betriebsbedingungen eingestellt und werden diese während des Betriebs des Automaten stabil gehalten, so wird diese Sequenz von inneren Zuständen ohne Einwirkung von außen unter Selbststeuerung, eben automatisch, erzeugt. In der Regel werden diese Zustands-Sequenzen ständig wiederholt - der Automat 'tut' immer dasselbe.

Verfügt ein Automat über mehrere unterschiedliche Zustands-Sequenzen und einen entsprechenden Selektionsmechanismus, so ist er **programmierbar**. Gibt es sogar einen Generator für alle möglichen Zustands-Sequenzen, so ist er **frei programmierbar**.

Bild mit Gittern

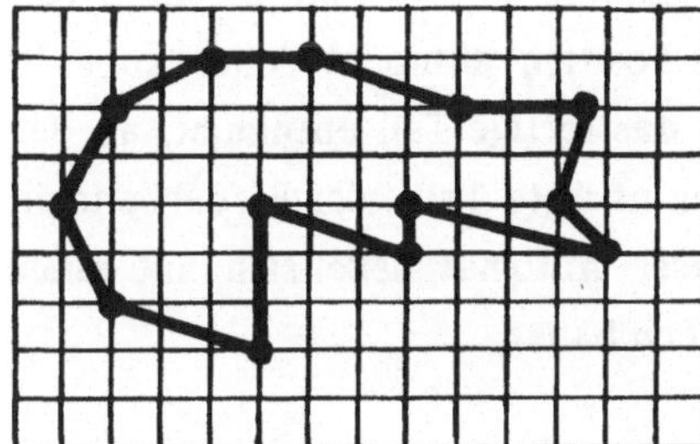

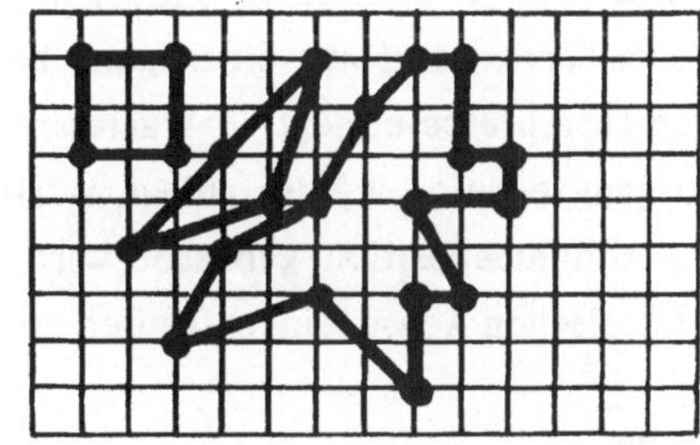

Automat mit fixierter Funktion                    (frei) programmierbarer Automat

Die Gitterpunkte in den Rechtecken symbolisieren alle möglichen Zustände und die dick gezeichneten Polygonzüge die entsprechenden Zustands-Sequenzen - die Programme.

Sofern es sich nicht um einen abstrakten Automaten handelt, entspricht jeder innere Zustand einem äußeren. Die Art und Weise, wie die inneren Zustände mit den äußeren gekoppelt sind, hängt von der Konstruktion des Automaten ab.

Die bisherige Betrachtungsweise war eher statisch. Nehmen wir nun eine dynamische Komponente hinzu und interessieren uns auch für die Übergänge von einem Zustand zum anderen. Solche Übergänge wollen wir **Ereignisse** nennen. Einem Zustand mit seinem Folgezustand können viele verschiedene Ereignisse zugeordnet sein, unterschieden durch die Spezifika der unterschiedlichen Übergänge. Es gibt also bedeutend mehr Ereignisse als Zustände. Entsprechend den Zuständen sprechen wir nun auch von inneren und äußeren Ereignissen. Wir nennen die Gesamtheit aller inneren Ereignisse **Modellwelt**, die aller äußeren Ereignisse **Welt**.
Automaten werden nun so konstruiert, daß es zu einer Ereigniskette (oder auch vielen) in der Welt eine entsprechende Ereigniskette in der Modellwelt gibt. Präziser ausgedrückt: Die Realisation der Ereigniskette in der Modellwelt bewirkt synchron die Realisation der gewünschten Ereigniskette in der Welt.

Veranschaulichen wir uns nun die Begriffe Welt, Modellwelt und deren gegenseitige Beziehungen an einem Beispiel:

Betrachten wir dazu einen einfachen Einlegeautomaten, der etwa ein Blechteil von einem Förderband aus einer ganz bestimmten Position abnimmt, 'über Kopf' in eine Formpresse einlegt, in Warteposition geht, das fertige Teil entnimmt, an der Ausgangsposition wieder ablegt, wartet bis das nächste Teil vom Förderband in die Abnahmeposition gebracht wird, usw. Dieser Automat ließe sich mit einer rotatorischen Achse, einem Greifer und 6 Schaltern bauen.

**S1: Wenn geschlossen, dann liegt ein Teil zur Aufnahme bereit.**

**S2: Wenn geschlossen, dann ist der Automat in Abnahmeposition.**

**S3: Wenn geschlossen, dann ist der Automat in Einlegeposition.**

**S4: Wenn geschlossen, dann ist der Automat in Warteposition.**

**S5: Wenn geschlossen, dann ist das Teil bereit zur Entnahme aus der Formpresse.**

**S6: Wenn geschlossen, dann ist der Greifer zu.**

Dieser Automat hat genau $2^6 = 64$ innere Zustände, das entspricht den Kombinationsmöglichkeiten aller Schalter. Wir bezeichnen einen solchen Zustand mit $(Z1, Z2, Z3, Z4, Z5, Z6)$, wobei $Z_i$ den Wert 0 oder 1 annimmt, je nachdem, ob der Schalter $S_i$ offen oder geschlossen ist. Die Zustands-Sequenz in der Modellwelt, die bei ihrer Realisation die gewünschte Funktion des Automaten gewährleistet, ist nun folgende:

$$
\begin{aligned}
&\rightarrow (0,0,0,1,0,0) \rightarrow (1,0,0,1,0,0) \rightarrow (1,1,0,0,0,0) \rightarrow (1,1,0,0,0,1) \rightarrow \\
&\rightarrow (0,0,1,0,0,1) \rightarrow (0,0,1,0,0,0) \rightarrow (0,0,0,1,0,0) \rightarrow (0,0,0,1,1,0) \rightarrow \\
&\rightarrow (0,0,1,0,1,0) \rightarrow (0,0,1,0,1,1) \rightarrow (0,1,0,0,0,1) \rightarrow (0,1,0,0,0,0)
\end{aligned}
$$

Zu dieser Zustands-Sequenz können mehrere Ereignisketten gehören, wenn etwa der Automat dieselbe Aufgabe in unterschiedlich schnellen Arbeitstakten bewältigt.

Das Spektrum der Anwendungsmöglichkeiten dieses Automaten ist aus folgenden Gründen sehr beschränkt:
Es gibt zu wenige innere Zustände - dementsprechend gering ist die Anzahl möglicher Funktionen. Jede Funktionsänderung erfordert Hardware-Eingriffe.

Moderne Industrieroboter mit 6 Achsen und einer Positioniergenauigkeit von ca. 1 mm haben demgegenüber eine ungeheuere Flexibilität. Dementsprechend groß ist die Anzahl der möglichen Handlungsabläufe oder Arbeitseinsätze, die sich durch Realisation von Ereignisketten in der Modellwelt bewerkstelligen lassen. Außerdem läßt sich ein neuer Handlungsablauf in der Welt durch Programmieren einer entsprechenden Ereigniskette in der Modellwelt erzeugen. Je größer und komplexer die Modellwelt, desto 'ähnlicher' kann sie der realen Welt werden.
Ganz wichtig für die zweckgemäße Funktion eines Roboters ist die **Synchronisation der Modellwelt mit der realen Welt**. Der Roboter ist synchron, wenn jedes Ereignis in der Modellwelt die gewünschte Entsprechung in der realen Welt besitzt. Zur Synchronisation sind zwei Dinge erforderlich: Zum einen muß die Art und Weise, wie innere Ereignisse welchen äußeren Ereignissen entsprechen, eindeutig festgelegt sein. Damit sind z. B. die **Transformationsgleichungen** angesprochen, die Positionen, Geschwindigkeiten und Beschleunigungen von Gelenkwinkeln (innere Ereignisse) in entsprechende TCP-Werte transformieren. Zum anderen muß es mindestens einen Kontaktpunkt der Modellwelt mit der Welt geben, auf den sich letztlich alle Transformationen beziehen. Dieser Initialzustand, dessen Synchronizität mit der realen Welt möglichst genau eingestellt werden muß, ist die **Ausgangsposition** des Roboters.
Die Erst-Synchronisation eines Roboters erfordert also ein peinlich genaues **Einmessen der Ausgangsposition und der Transformationsparameter** wie Armlängen, Geschwindigkeiten, Beschleunigungen, Winkelverhältnisse, etc.

**Sensoren** bewirken, je nach Komplexität, eine mehr oder weniger **partielle Dauer-Synchronisation** von Welt und Modellwelt. So wird man z. B. den Kleberauftrag bei einem waagrecht liegenden Karosserieteil viel problemloser ausführen können, wenn die Steuerung einem in der Klebefuge gleitenden Führungssensor

Karikatur Golfrob

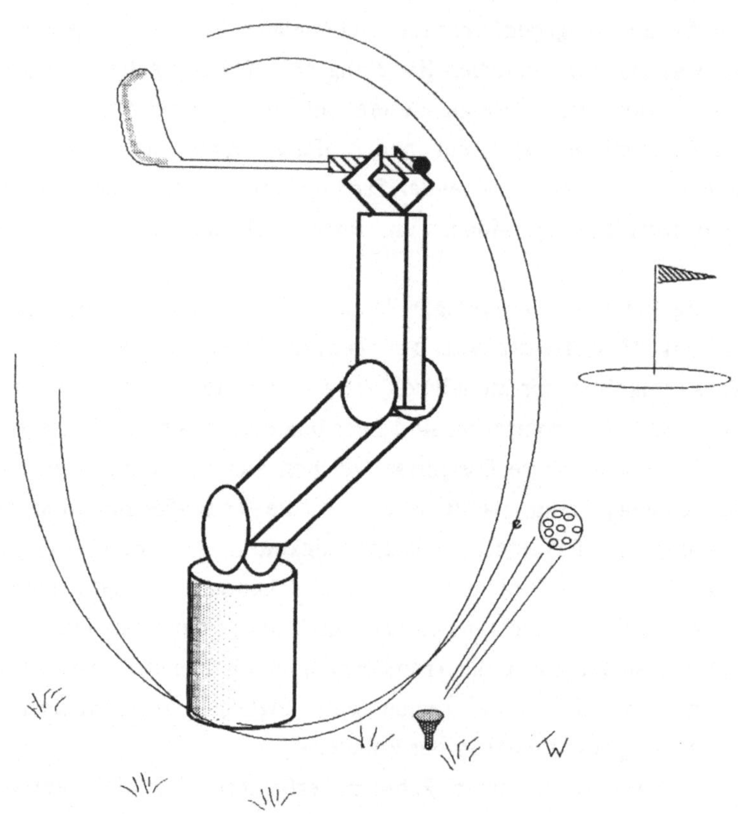

übertragen wird, als wenn die Aufgabenlösung im Teach-in oder Off-line ermittelt wird. Die Sensorführung hat noch dazu den Vorteil, daß man nicht das gesamte Teil in eine fest definierte Lage bringen muß, sondern nur einen Punkt, den Startpunkt. Vom Startpunkt aus erfolgt die weitere Bewegung sensorgeführt - ganz unterschiedlich, je nach Lage des Teils. Voraussetzung dabei ist natürlich, daß der Sensor selbst synchron ist, d. h., daß seine 'Ausgangsposition' bekannt ist und daß die Transformationen seiner Meßwerte in Ereignisse der Modellwelt korrekt sind.

Damit haben wir auch ein Beispiel vor uns, wie der **Einsatz von Sensoren** der Roboterarbeitskraft eine **neue Qualität** verleiht. Roboter ohne Sensoren agieren in einer streng deterministischen Welt, wo jedes Ereignis im voraus geplant ist und dann eintritt, wenn das in der Ereigniskette vorhergehende Ereignis eingetreten ist. Diese Determiniertheit umfaßt sowohl die Modellwelt als auch den Teil der realen Welt, der in der Modellwelt abgebildet ist. Wird diese Determiniertheit in der realen Welt durch äußere Ereignisse unterbrochen (z. B.: Werkstück liegt nicht in vorgeschriebener Position, oder es taucht plötzlich ein Hindernis im Arbeitsraum auf), so kommt es sofort zu Fehlfunktionen oder gar Katastrophen.

Ein mit entsprechenden Sensoren ausgerüstetes Robotsystem verfügt hingegen über eine nicht deterministische Modellwelt und kann flexibel auf äußere Ereignisse reagieren, die weder im voraus geplant noch in ihrer Spezifikation berechenbar sind.

Allerdings sind **Sensoren nur als reaktive Steuerungselemente** brauchbar. Sie sind in der Lage, Ereignisse und Relationen in der realen Welt in die Modellwelt einzubringen. Bei Aufgabenstellungen, wo es um die **Erzeugung neuer Objekte** geht, wo also eine Orientierung an schon existierenden Strukturen durch sensorische Erfassung nicht möglich ist, haben **Sensoren nur unterstützende Funktion**. Soll etwa ein bestimmtes Muster aus einem Materialblock gefräst werden, so kann zwar ein Sensor z. B. die Frästiefe kontrollieren, sicher aber nicht das Entstehen des Musters.

Will man einen Roboter konzipieren, der Leistungen erbringen kann, die heute nur von einem Menschen vollbracht werden können, so muß der Roboter mit Sensoren ausgestattet werden, die ähnliche Möglichkeiten wie menschliche Sinnesorgane bieten. Bei visuellen Sensoren ist derzeit weltweit eine stürmische Entwicklung im Gange. Sensoren allein aber genügen nicht - die Leistungsfähigkeit der 'menschlichen Sensoren' entfaltet sich ja auch erst durch Auswertung und Rückkopplung mit dem Gehirn.

Wir brauchen im Robotsystem ein möglichst umfassendes Umweltmodell, eine **globale Modellwelt**, die zu einem möglichst großen Abschnitt der den Roboter tangierenden **Realwelt strukturisomorph** ist und mit einer möglichst hohen Aktualisierungsrate dynamisch an alle Veränderungen in der Realwelt angepaßt wird. Diese perfekte Modellwelt, wenn es sie gäbe, könnte aber allein wenig bewirken. Sie wäre nur 'Arbeitsmaterial und Umgebung' für eine übergeordnete Steuereinheit, die als Wertungs-, Entscheidungs-, Kontroll- und Handlungsinstanz arbeiten müßte.

Ein ganz wesentlicher Punkt bei der Konstruktion einer solchen Steuerung müßte wohl das sein, was man als eine der wichtigsten Aufgaben der Artificial Intelligence-Forschung bezeichnen könnte:

**Die Herstellung, Verfeinerung und Intensivierung einer semantischen Korrelation zwischen Wirkendem und Bewirktem**.

Doch wie entfernt scheint jetzt noch der Zeitpunkt zu liegen, wo Maschinen so etwas wie Vernunft, Einsicht, Urteils- und Begründungsfähigkeiten haben, wo Roboter auf Warum-Fragen 'vernünftig' antworten können.

# 3. Roboterprogrammierung und Roboterprogrammiersprachen

## 3.1 Roboterprogrammierung

Die Roboterprogrammierung hat das Ziel, den Roboter bestimmte Tätigkeiten im Rahmen einer Fertigungsorganisation durchführen zu lassen.

Die eigentliche Tätigkeit des Roboters umfaßt die **Durchführung der Bewegungen und Werkzeugmanipulationen**. Ebenso wichtig ist die Verarbeitung von Änderungen in der Umgebung des Roboters, die den Arbeitsablauf beeinflussen müssen, wie das **Verarbeiten von Sensor- oder Schaltersignalen**. Dabei muß derzeit davon ausgegangen werden, daß die Beeinflussung des Arbeitsablaufes durch Schaltersignale - wie etwa "Arbeitsobjekt im Arbeitsraum", oder "Notaus" - Stand der Technik ist.

Die Verarbeitung von Sensorsignalen zur adaptiven Steuerung kommt jedoch nur langsam voran.

Eine weitere wichtige Aufgabe der Roboterprogrammierung ist die **Integration des Roboters in eine Fertigungssteuerung**. In der Praxis tritt ein solches Problem z. B. in einer Fertigungsstraße mit unterschiedlichen Produkten oder bei der Bearbeitung desselben Produkts durch mehrere Roboter auf. Dies bringt mit sich, daß die Robotersoftware den Datenfluß zur übergeordneten Produktionsleitzentrale vorsehen muß, oder daß wegen drohender Kollisionsgefahren Roboter miteinander Daten tauschen müssen.

Ein weiterer für die Produktion wichtiger Schritt ist, daß die Programmierung des Roboters den Produktionsprozeß nicht oder nur kurz unterbricht. Diese Überlegungen führen zu verschiedenen Techniken der Roboterprogrammierung:

**Teach-in-Programmierung:**
Der Roboter wird in der realen Umgebung und am Werkstück verfahren. Dazu wird eine Handverfahreinheit benutzt, auf der auch eine bestimmte Anzahl von Befehlen programmiert werden kann. Im Teach-in werden Stützpunkte und Arbeitspunkte festgelegt und gespeichert. Die Sequenz der gespeicherten Punkte

wird dann beim Programmablauf mit den festgelegten Werkzeugaktionen durchgeführt. Sie hat den Vorteil einfacher Programmierung, rascher Änderbarkeit vor Ort und großer Übersichtlichkeit, wenn die Programme nicht zu kompliziert sind. Einen Eindruck der Programmkomplexität bei Teach-in-Programmierung vermittelt die folgende Graphik, die eine Aufgabe aus der Abschlußprüfung zur Führung von KUKA-Robotern darstellt.

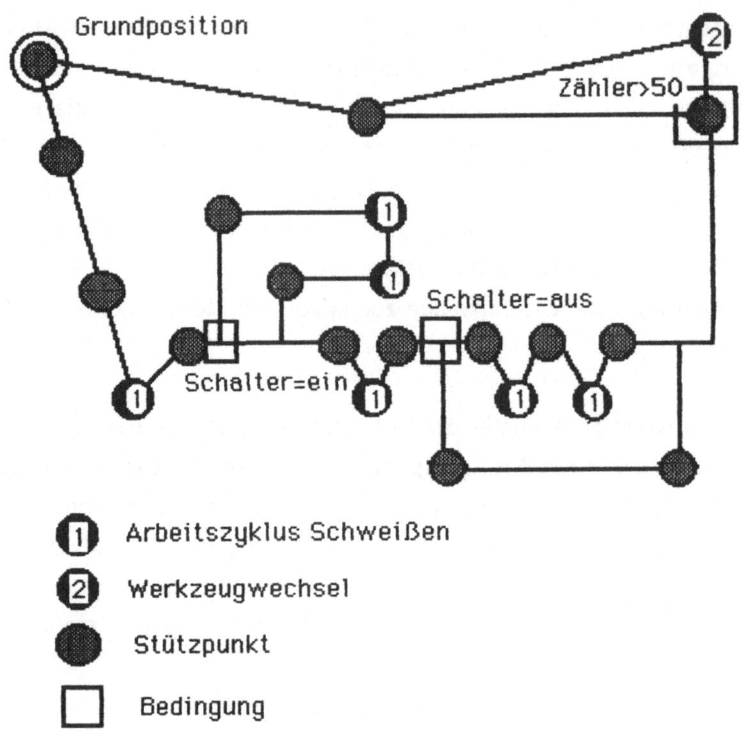


Bild 3.1  Beispiel aus einer Abschlußprüfung  Roboterprogrammierung bei KUKA

**Off-line-Programmierung:**

Bei der Off-line-Programmierung wird das Roboterprogramm anhand der Bemaßung des Werkstücks entwickelt. Der Programmierer geht vom geometrisch vorgegebenen Roboterarbeitsraum und der Werkstückgröße aus und programmiert den Arbeitsauftrag am Bildschirm. Dabei steht ihm natürlich eine komfortable Programmierumgebung zur Verfügung. In ihr wird unter anderem geprüft, ob der programmierte Pfad überhaupt realisierbar ist. Diese Programmierung setzt voraus, daß der Transportweg des Werkstücks und seine Position zu Arbeitsbeginn genauestens festliegen. In der Praxis werden häufig beide Programmiertechniken vermischt. Die Off-line-Programmierung setzt eine bisher wohl noch selten realisierte Präzision in der Werkstoffzufuhr und der zeitlichen Fertigungskoordination voraus. Doch ist denkbar, daß in Zukunft der Konstrukteur sein Produkt auch robotertauglich entwirft und so einer Off-line-Programmierung bereits Maße und Handhabbarkeiten übergeben kann. In diesem Zusammenhang sind die Entwicklungen der Software-Ingenieure zu beachten, die dem Konstrukteur eine Monitorsimulation seiner vorgeschlagenen Werkstückhandhabung durch den Roboter an die Hand geben wollen.

**Gemischte On-line- Off-line-Programmierung:**
In der Praxis wird häufig ein gemischtes Verfahren bei der Roboterprogrammierung bevorzugt. Durch das Teach- in werden die Weltkoordinaten in Roboterkoordinaten übersetzt. Das Verfahren des Roboters geschieht hierbei durch Handsteuerung und nicht in realer Geschwindigkeit. Diese Handsteuerungen haben im Paneel eine gewisse Anzahl von Befehlen, z. B. 'Punkt speichern', 'lineares Verfahren zum nächsten Punkt', 'Werkzeugtätigkeit', usw. Daneben steht der dadurch entstandene Programmtext auch auf einem Display oder einem Bildschirm zur Verfügung und kann dort im Rahmen des Editors des Programmiersystems noch weiter ergänzt werden. Auf diese Weise können kompliziertere Logikabläufe im Programm entwickelt und unter Umständen in der Simulation getestet werden.

**3.2 Das Programmiersystem**

Hier kann nur ein idealtypisches Programmiersystem vorgestellt werden. Denn je nach gewählter Programmiersprache und gewählter Steuerungstechnik und Hardware-Architektur unterscheiden sich die Implementationen des Programmiersystems (für Beispiele unterschiedlicher Implementationen des Programmiersystems siehe (3), S. 263-280). Das Roboterprogrammiersystem besteht aus einem **On-line- und einem Off-line-System**.

Bild 3.2  Roboter-Programmiersystem

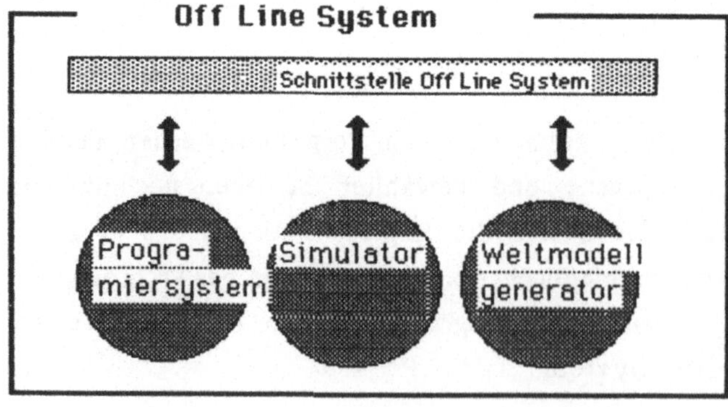

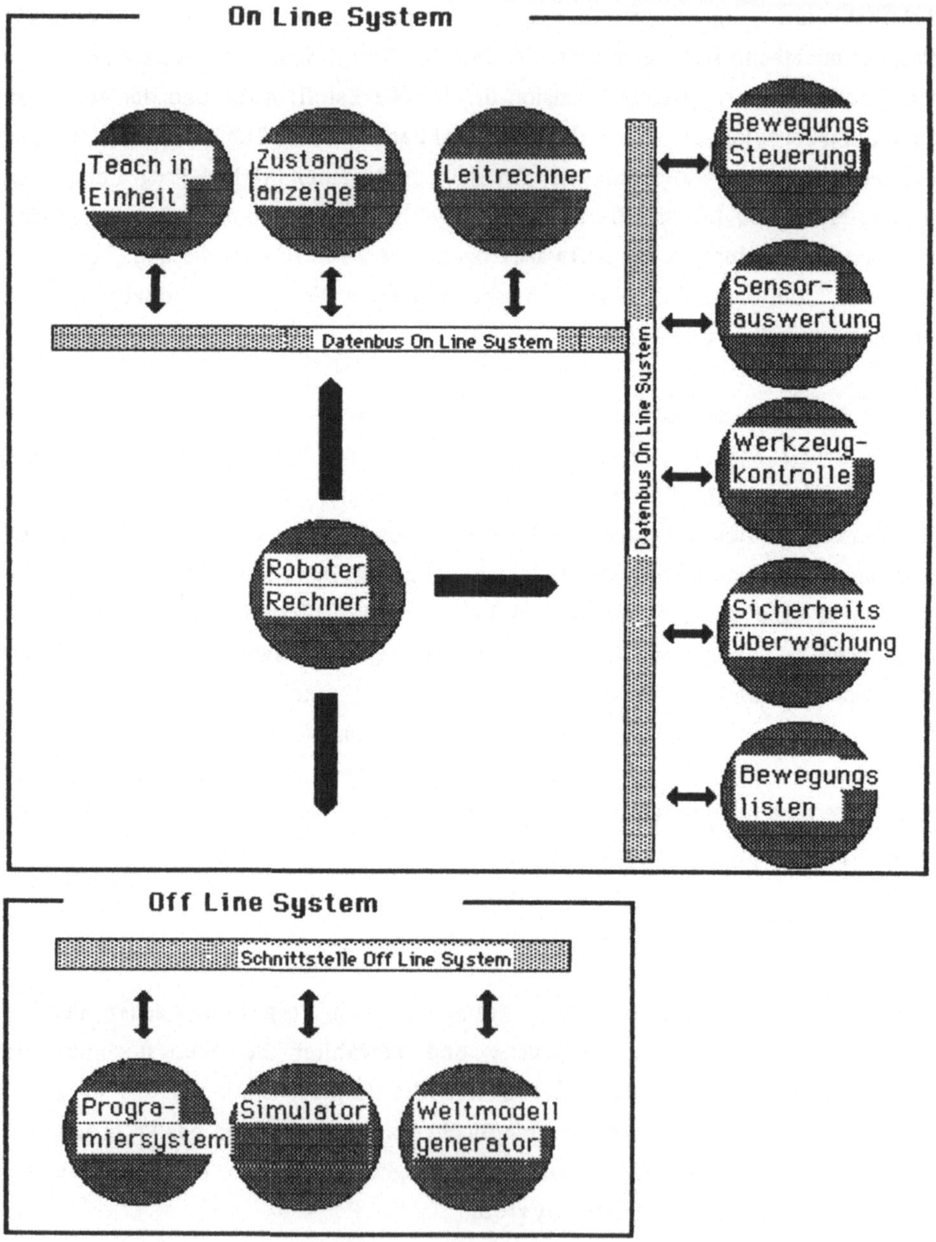

Das **On-line-System** ermöglicht den eigentlichen Betrieb des Roboters, nämlich Bewegungssteuerung, Sensorauswertung, Werkzeugkontrolle, Sicherheitsüberwachung und die Verbindung zur Fertigungssteuerung via Leitrechner.

Daneben ist im On-line-System die Teach-in-Programmierung sowie das Laden und Speichern von Bewegungen auf externen Datenträgern oder der Ausdruck auf einem Drucker implementiert.

Für die Bedienungsmannschaft ist ferner eine Zustandsanzeige vorhanden. Die Bedienung erfolgt über eine Handsteuereinheit oder/und eine Steuereinheit mit Display oder Monitor.

Ferner steht am Arbeitsplatz ein Editor für die Programmtexte bzw. die Bewegungen zur Verfügung.

Das **Off-line-System** ist ein übliches Programmiersystem mit Programmiersprache, Editor, externen Speichermöglichkeiten, Compiler, etc. Zusätzlich kann es einen Simulator enthalten. Dieses Programm erlaubt das Studium der Roboterbewegungen am Bildschirm, bzw. den Programmtest. Zum Simulator gehört ein Weltmodellgenerator, der für die Simulation bzw. den realen Betrieb Arbeitsräume und Werkstückgrößen festlegt.

Die Hardware-Architektur entscheidet weithin über die Implementation. Wenn z. B. für die Bewegungssteuerung keine eigenen Steuerrechner vorhanden sind und der Roboterrechner diese Funktionen übernehmen muß, so wird natürlich als Programmiersprache nur Assembler in Frage kommen, da diese Funktionen zeitkritisch sind.

Modernere und heute nicht mehr kostspielige Konzepte sehen natürlich für zahlreiche Funktionen des On-line-Systems Peripherierechner vor, die vom Roboterrechner nur noch via Datenbus Kommandos erhalten.

Die Betriebssystem-Modularität wird also bis zur Rechner-Modularität in der Hardware erweitert. Dieser Weg ist, insbesondere wenn aufwendige Sensorauswertungen zusätzlich benötigt werden, sicher der einzig gangbare.

Eine weitere Unterstützungstechnik wäre, durch Hinzunahme großer RAM-Speicher die externen Prozessoren überhaupt von Rechenarbeiten zu entlasten. Z.B. könnten die aufwendigen Rechenprozesse zur Bahnbestimmung zum Teil durch eine Menge von gespeicherten Daten ersetzt werden. Die Bearbeitung von Bewegungen wird dann durch Lesezugriffe im RAM anstelle von Rechenoperationen und durch entsprechende Ansteuerung der Motoren wesentlich beschleunigt.

## 3.3 Elemente von Roboterprogrammiersprachen

Die Entwicklung von Roboterprogrammiersprachen vollzog sich auf zwei Hauptschienen. Aus der Praxis heraus, die den Roboter als Weiterentwicklung der programmierbaren Werkzeugmaschine sieht, gab es eine Weiterentwicklung der Programmiersprachen der numerisch gesteuerten Werkzeugmaschinen. Von wissenschaftlicher Seite wurden bereits entwickelte benutzernahe Programmiersprachen mit roboterspezifischen Kommandos ausgerüstet.

Die Probleme, die roboterspezifische Programmiersprachen zu lösen haben, ergeben sich aus den oben beschriebenen Aufgaben des Off-line- und On-line-Systems.
Es sind im einzelnen zu nennen:
- Sehr schnelle Real-time-Verarbeitung für **Steuerung des Armes** auf Bahnen unterschiedlicher Klasse, z. B. lineare Bewegungen, zirkulare Bewegungen, Lastausgleich bei rotatorischen Bewegungen, etc.
- **Überwachung paralleler Prozesse,** z.B. Bearbeitung von Sensordaten, externe Schalter, Notaus,etc.
- **Einfache Programmierung** und Teach-in-Möglichkeit im On-line-Betrieb, Datensicherheit und Datenspeicherung im Off-line-Betrieb
- **Daten- und Programmtausch** mit Off-line-Systemen

Derzeit in Praxis befindliche Programmiersprachen wie PEARL, aus der ALGOL-Sprachfamilie, oder ROBEX, aus der NC-Steuerung entwickelt, oder angepaßte Macro-Assembler wie z. B. SIGLA, weisen die jeweils sprachtypischen Konzepte auf und sind lediglich jeweils um roboterspezifische Kommandos erweitert.
Bisher ist es noch keinem Roboterhersteller gelungen, seine Maschine für beliebige Programmiersysteme verfügbar zu machen. Noch stellen der mechanische Teil des Roboters und der Steuerrechner eine nicht trennbare Einheit dar, wobei sehr häufig sogar die Schnittstelle zum Off-line-System recht schlecht, ausgebildet ist.
Dies hat seinen historischen Ursprung wohl darin, daß häufig die Roboterbauer Maschinenbauer waren und es noch nicht zur Entwicklung eigener Peripherierechner gekommen ist. Die Entwicklung roboterspezifischer Program-

miersprachen wird stark vorangetrieben. Doch wird wohl in naher Zukunft noch kein Standard zu erwarten sein (vgl. ( 6 )).


### 3.3.1 Robotertypische Datenstrukturen

Die wesentliche Datenstruktur für die Speicherung und Abarbeitung von Roboterbewegungen ist die **Bewegungsmatrix**. In ihr stehen zeilenweise untereinander die Sollpositionen des Roboterarms. Ein klassischer Industrieroboter hat 6 rotatorische Achsen. Also ist zur Festlegung einer Sollposition ein 6-dimensionaler Vektor erforderlich. Dies genügt für eine PTP-Steuerung.

Die Bewegungsmatrix wird in den Programmiersprachen unterschiedlich realisiert. Bei **assembler-nahen Programmiersprachen** ist sie ein organisierter und geschützter **Speicherbereich**. Meist hat der Off-line-Programmierer darauf gar keinen Zugriff. In **algol-nahen Programmiersprachen** wird die Bewegungsmatrix in Form einer **Liste mit einem Zeiger** deklariert, in **fortran-nahen** Programmiersprachen als **Array**.

Deklaration einer Bewegungsmatrix als Liste z. B. in PASCAL

```
TYPE Bewegungszeiger= ^Position;
      Position= RECORD
                  Körper: INTEGER;
                  Schulter: INTEGER;
                  Ellbogen: INTEGER;
                  Hand_schwenken:INTEGER;
                  Hand_drehen: INTEGER;
                  Greifer: INTEGER;
                  Nachfolger: Bewegungszeiger;
                END;
VAR Kopfanker, Robot: Bewegungszeiger;
```

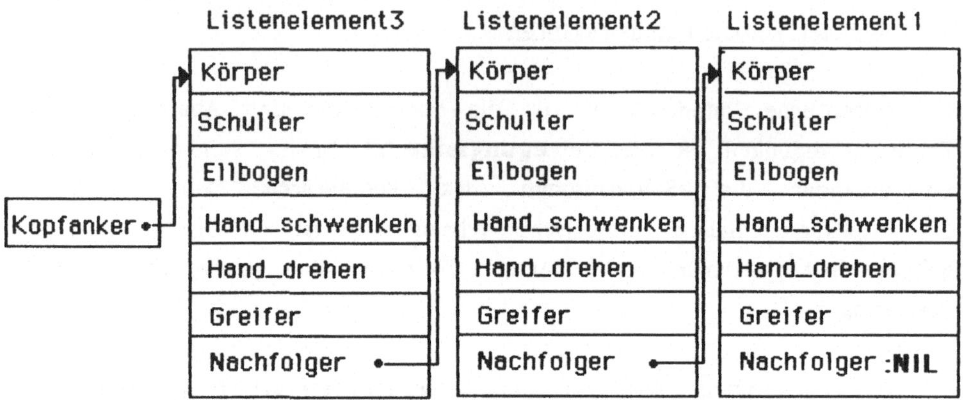


Bild 3.3  Graphische Darstellung einer Liste von Roboterbewegungen

Deklaration einer Bewegungsmatrix als Array z. B. in BASIC:

**DIM** Bewegungsmatrix (200,6)



Bild 3.4

Den Programmiersprachen, die Datenstrukturen zulassen, gehört innerhalb der Roboterprogrammiersprachen sicher dann die Zukunft, wenn die Anwendung von

Robotern sich auch in den Montagebereich ausdehnt. Während für die bisherigen einfachen Aufgaben Teach-in bzw. Teach-in mit Sensorrückkopplung ausreichten, wird dies für die Übernahme von Montagearbeiten nicht mehr ausreichen. Denn dann muß zur Datenstruktur der **Bewegungsmatrix** noch ein **Gegenstands- modell** dazukommen, das zur Bewegungsmatrix in Beziehung steht.

Es kommt dann zu einem **Weltmodell der Robotermontageaufgabe**, das zu einem **Verbund von Bewegungsmatrix und Gegenstandskopplungen** führt.

Für die Off-line-Programmierung sind geometrische Transformationen von Bedeutung. Das Arbeitsobjekt liegt in seinen Maßen vor, z. B. aus dem CAD-System der Konstruktion oder durch Eingabe der Werkstückmaße. Dann werden die Arbeitspunkte festgelegt. Daraus errechnet sich zusammen mit den Maßen des Werkzeugs die Roboterbewegung. Die typische Datenstruktur, um die Bewegung des Werkzeugaufpunkts (TCP) und die Veränderung der Greiferposition im $\mathbb{R}^3$ darzustellen, ist die **Denavit-Hartenberg-Matrix**. Sie ist eine 4×4-Matrix, aufgebaut aus Rotationsmatrix des Greifers und Verschiebungsvektor des Werkzeugaufpunkts.
So könnte man also die Roboterbewegungen am Werkstück in Off-line-Programmierung festlegen und müßte dann am Produktionsplatz nur noch die genaue Lage des Werkstücks als Translation und Rotation der berechneten Bahn überlagern.
Doch hier gibt es in der Praxis noch große Schwierigkeiten, die letztlich noch Zweifel am Prinzip der Off-line-Programmierung aufkommen lassen. Ein Ausweg daraus bietet sich wohl nur durch Entwicklungen, die eine Selbstadaption der Roboterbewegungen an veränderte Umweltbedingungen, also etwa variierende Werkstückpositionen, erlauben.

### 3.3.2 Robotertypische Anweisungen

Eine Roboterprogrammiersprache hat auf jeden Fall die Möglichkeit, die Koordinaten von Weltpunkten einzugeben. Dabei wird eine Grundposition, die **Ausgangsposition**, gesetzt, auf die sich alle Bewegungskoordinaten beziehen. Wenn der Roboter in dieser Position ist und seine gemessene Weltposition mit der realen Weltposition übereinstimmt, dann ist der **Roboter synchron**. Ein ganz wesentlicher Befehl ist deshalb das Fahren in die Ausgangsposition und damit die Synchronisation des Roboters. Eine sichere und absolute Synchronisation läßt sich erreichen, wenn der Roboter bei festgelegtem Drehsinn der Motoren in die Endabschaltungen aller Bewegungsachsen fährt.

Alle anderen Bewegungsanweisungen werden relativ zur Ausgangsposition gemessen. Der Koordinatenraum ist in der Regel nicht der $\mathbf{R}^3$, sondern typischerweise der $\mathbf{R}^6$ für den klassischen Industrieroboter. Gibt es in der Programmiersprache die Möglichkeit, Koordinaten eines externen Bezugssystems einzugeben, so muß eine entsprechende Anweisung für die **Umsetzung in Roboterkoordinaten** vorhanden sein.

Mit der Bewegungsanweisung verbunden sind Anweisungen, bestimmte **Bahntypen** zu **fahren**, z. B. PTP-Fahren oder Linear-Fahren oder Zirkular-Fahren. In der Regel kann auch die Bewegungsgeschwindigkeit und die Bahnbeschleunigung, und zwar global oder bezogen auf die einzelnen Bewegungsachsen angegeben werden.

Robotertypisch ist ferner, daß Bewegungsanweisungen während der Ausführung durch **externe Ereignisse, Sensorzustände oder Zeitüberwachungen** unterbrochen werden können. Dasselbe gilt natürlich auch für **Effektoranweisungen**.

Robotersprachen unterscheiden **Verzweigungen** auf Grund programminterner **logischer Bedingungen** wie Booleschen Termen oder Zählern und solche, die auf Grund **externer Schalter oder Sensorbedingungen** erfolgen. Solche Bedingungen sind z. B.:"Warte bis Schalter 13 ein", "Wenn Schweißdraht zu Ende, dann gehe in Werkzeugwechselposition 10", "Wenn Touch-Sensorwert < 15, dann beginne lokalen Suchlauf", etc.

Je nach Programmiersprache müssen die **Wiederholungsstrukturen** mit Zählern und Bedingungen formuliert werden oder können sich der komfortableren

Formulierung höherer Programmiersprachen bedienen. Dasselbe gilt natürlich für Rekursionen als Kontrollstruktur.

Die **Objektoperationen** der Roboterprogrammiersprachen sind dieselben wie bei üblichen Programmiersprachen.

### 3.3.3 Robotertypische Sprachstrukturen

Die verwendete Programmiersprache bestimmt, welche **Programmgliederungselemente** zur Verfügung stehen. Es gibt dann, je nachdem, Aufrufe von Assembler-Macros, Unterprogrammen, Funktionsvereinbarungen, oder Prozeduren.

Natürlich ist für das längere textuelle Programm das modernere Prozedurkonzept wünschenswert, weil es durch Sprachvereinfachungen im Hauptprogramm größere Übersicht erlaubt.

Der Nachteil ist natürlich, daß dann die Programmierumgebung entsprechend aufwendig mit Editoren, Compilern, etc. gestaltet werden muß, und daß die Bedienungsmannschaft nicht mehr von den Werkern vor Ort gestellt werden kann. Als Faustregel kann wohl gelten, daß das Überwiegen textueller Programmierung zum Einsatz höherer Roboterprogrammiersprachen führt, das Überwiegen der werknahen Teach-in-Programmierung führt zum Einsatz von assemblernäheren Programmiersprachen.

Ein ganz wesentlicher Teil einer Roboterprogrammiersprache ist ein **integriertes Teach-in**. Egal, ob zuerst textuelle Programmierung oder das Teach-in am realen Objekt steht, es muß immer die Möglichkeit geben, Positionen in Programmtexte oder umgekehrt Programmtext zwischen Positionen einzufügen.

Die Programmiersprachen unterscheiden sich natürlich in der Art, wie die Integration des Teach-in in Programm-Editorfunktionen eingebunden ist. Aber diese Integration von Programmtext und Teach-in ist der Kern der heutigen benutzernahen Roboterprogrammierung. Damit muß die Bedienungsmannschaft zurechtkommen. Und somit stellt dies zusammen mit der Zuverlässigkeit der Mechanik den zentralen Entscheidungspunkt für den Robotereinsatz dar.

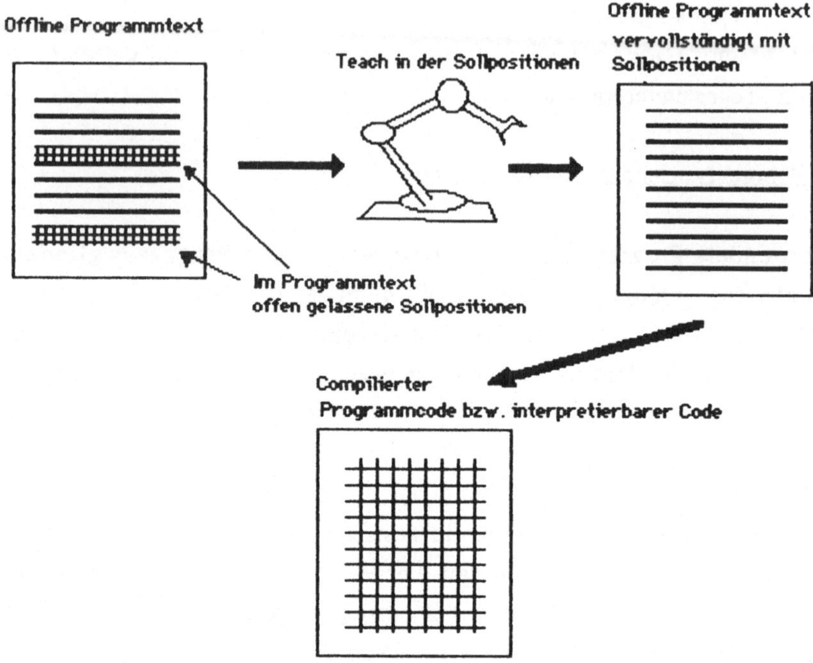



Bild 3.5  Ablauf von Roboterprogrammierung bei textueller Programmierung mit integriertem Teach-in.

Aus den vielfachen Aufgaben des Roboterrechners, zu denen in Zukunft noch Leistungen hinzutreten, die heute noch der Artificial-Intelligence zugerechnet werden, leitet sich die Forderung ab, daß die Roboterprogrammiersprache Möglichkeiten zur Steuerung und Überwachung paralleler Prozesse haben soll. Dies wird um so dringender, je modularer und intelligenter die Peripherie des Roboterrechners und je komplexer die Fertigungsumgebung wird.

Die Programmiersprache **AL** verwendet zur Synchronisation paralleler Prozesse die **Sprachstruktur Co-Block**. Die in ihm beschriebenen Aufgaben werden vom Prozessor parallel durchgeführt. Da in der Regel nur ein Prozessor vorhanden ist, also natürlich quasiparallel. Ein anderes Konzept ist das der **TASK**s. Sie sind selbständige Programme mit eigenem Speicherbereich und können von außen gestartet, angehalten oder beendet werden. Sie können natürlich auch sich selbst verwalten (zumindest bezüglich interner Belange). Ein Task kann auch für verschiedene Zwecke mehrfach gestartet werden, und Tasks können miteinander kommunizieren.

Natürlich wird der reale Programmablauf beim Einsatz des Task-Konzepts beliebig kompliziert und der Ablauf der Tasks muß deshalb zeitkritisch kontrolliert werden. Ebenso muß der Zugriff auf gemeinsame Daten gesichert werden. Doch hätte eine Roboterprogrammiersprache mit dieser Konzeption den Vorteil, daß sie jederzeit auch auf Roboter mit modularer Hardwarekonzeption anwendbar wäre.

### 3.4 Elemente einer Robotersoftware in APPLE-BASIC

Wir werden nun eine kleine **Roboterprogrammierumgebung auf dem Apple II realisieren.** Die Voraussetzung ist ein Roboter mit einer Ansteuerungseinheit für die Motoren, so wie sie in Kapitel 4. und 6. beschrieben wird. Die Robotersteuerung wird vom Apple II aus mit Befehlen bedient. Die Kommunikation von Motorsteuereinheit und Apple II wird mit Hilfe des Interface AP4 der Firma ISB durchgeführt, das im wesentlichen aus dem Kommunikations-Chip VIA 6522 besteht. Dieses Interface hat neben dem VIA 6522 noch ein EPROM (<u>E</u>rasable <u>P</u>rogrammable <u>R</u>ead <u>O</u>nly <u>M</u>emory) mit einem Programm, das die Übertragung von Befehlen zwischen den beiden Rechnern durchführt und kontrolliert.

**Wir definieren folgende Befehle:**

**Befehl 1: Sende Ist-Position**                    **POKE 10,0:CALL -15872**
Die Robotersteuerung sendet ihre im Moment gültige Ist-Position, d. h. diese muß natürlich nicht die tatsächliche Ist-Position sein, da wir kein absolutes Wegmeßsystem haben.

**Befehl 2: Motoren aus**                           **POKE 10,2:CALL -15872**

'Motoren aus' kann jederzeit gegeben werden. In 1.5-ms-Zeitabständen frägt die Robotersteuerung den Steuerrechner nach neuen Befehlen ab. Damit kann z. B. ein Not-Aus realisiert werden.

### Befehl 3: Empfange Geschwindigkeit und fahre

POKE 10,12:CALL -15872

6 Geschwindigkeitswerte müssen eingegeben werden, dann drehen die Motoren im positiven oder negativen Drehsinn. Die Geschwindigkeitswerte liegen zwischen 0 und 255, der Wert 128 entspricht der Geschwindigkeit 0, Werte ‹128 bedeuten Geschwindigkeiten in positive Drehrichtung, Werte ›128 bedeuten Geschwindigkeiten in negative Drehrichtung.

### Befehl 4: Setze Ist-Position auf 0          POKE 10,16:CALL -15872

Initialisiert die Ist-Position des Wegemeßsystems neu mit 0 für alle Achsen.

### Befehl 5: Empfange Soll-Position und fahre PTP

POKE 10,10:CALL -15872

Eine Sollposition ist eine Zeile der Bewegungsliste und hat in unserem Fall 6 Angaben für die 6 Bewegungsachsen. Sie werden zunächst in einem Speicherbereich im Apple II abgelegt. Der anschließende Befehlsaufruf bewirkt, daß die Daten der Robotersteuerung übermittelt werden. Diese überwacht dann das PTP-Fahren des Roboters.

### Befehl 6: Test, ob Rob Busy          POKE 10,14:CALL -15872

Ehe man eine weitere Position einer Bewegungsliste an die Robotersteuerung senden kann, muß man sich versichern, daß der Roboter mit der vorherigen Bewegungsaufgabe bereits fertig ist. Dies geschieht durch die Prüfung des Ausführungszustandes des Roboters. Die Ausführung dieses Befehls setzt das Byte 783 im Speicher des Apple II auf 255 bei nicht beendeter Ausführung, sonst auf 0.

Die Befehlsübergabe vom Apple II zur Robotersteuerungseinheit erfolgt durch Poke-Befehl und anschließendem CALL-15872, dem Aufruf der Übermittlungsroutine vom Apple II-Datenspeicher zum Datenspeicher des Roboters.

**Aus den dargestellten 6 Befehlen lassen sich nun wichtige Elemente eines Roboterprogrammiersystems aufbauen.**

Wir geben die BASIC-Listings für die wichtigsten Subroutinen an, die Bestandteil eines Roboterprogrammiersystems sind. Die Umsetzung in andere Programmiersprachen ist nicht schwierig. Die angegebenen Routinen stellen gleichzeitig das Skelett eines Programmierprojekts dar, wie es dann in Kapitel 5. als Ausarbeitungsvorschlag vorgestellt wird. Als globale Variable werden im Folgenden verwendet: die ARRAYs P(11) als **Positionsvektor** mit 12 Komponenten für die in je 2 Byte gespeicherten 6 Positionen der Roboterachsen, MATRIX(100,11) als **Bewegungsliste**, aufgebaut aus Positionsvektoren, ISTPOSITION(11) als **Merkvektor** für Positionen, und G(5) als Geschwindigkeitsvektor für die 6 Achsen.

### Unterprogramm: Alle Motoren Stopp

```
1000 REM Motoren Stopp
1010 FOR I= 0 to 5: G(I)= 128: NEXT:    REM G ist Geschwindigkeitsvektor, 128 entspricht Geschwindigkeit 0
1020 FOR I= 0 TO 5: POKE 784+I, G(I): NEXT: REM Ablegen des Geschwindigkeitsvektors im Speicher
1030 POKE 10,12: CALL -15872:      REM Empfange Geschwindigkeit und fahre
1040 RETURN
```

### Unterprogramm: Lade Positionsvektor

```
100 REM Positionsvektor mit Ist-Position wird aus Speicher geladen
110 POKE 10,0: CALL -15872:      REM Sende Ist-Position
120 FOR I=0 TO 11: P(I)=PEEK(784+I): NEXT
130 RETURN
140 REM Der Positionsvektor hat 12 Komponenten, weil jede Position in 2 Bytes abgespeichert wird
```

### Unterprogramm: Empfange Soll-Position und fahre PTP

```
5000 REM Eingabe eines Sollvektors und PTP fahren
5010 INPUT "ACHSE1"; W: I=1: GOSUB 5100
5020 INPUT "ACHSE2"; W: I=3: GOSUB 5100
5030 INPUT "ACHSE3"; W: I=5: GOSUB 5100
5040 INPUT "ACHSE4"; W: I=7: GOSUB 5100
5050 INPUT "ACHSE5"; W: I=9: GOSUB 5100
5060 INPUT "ACHSE6"; W: I=11: GOSUB 5100
5080 POKE 10,10: CALL -15782: RETURN: REM Befehl zum PTP-Fahren
5100 REM Berechnung der 2 Byte 2er-Komplement-Darstellung der Sollposition
5110 IF W<0 THEN W=65536+W
5120 P(I)=INT(W/256): P(I-1)= W-P(I)*256
5130 RETURN
```

Ein Roboter ist nicht immer synchron. Unter 'synchron' versteht man, daß die aus dem relativen Wegmeßsystem errechneten Weltkoordinaten und die wirklichen, z. B. vermessenen Weltkoordinaten übereinstimmen. Mechanische Stöße, elastische Verformungen oder schlicht Verschlampen von Meßimpulsen sind die Ursache dafür, daß der Roboter mit der Dauer in seinen Bewegungen asynchron wird. Die Synchronisation des Roboters kann nur auf eine Art erfolgen:

- Man fährt zunächst den Roboter in eine unabhängig von der Steuerung festgelegte 'Nullposition', z. B. mechanische Endabschalter. Nur auf diese Weise ist Gewißheit über die genaue Lage der Gelenke des Manipulators zu gewinnen.
- Dann läßt man den Roboter in seine Home-Position fahren, von der aus das relative Wegemeßsystem seine Bewegungen rechnet, und sodann kann man die gespeicherten Punkte der Bewegungsliste, die sich auf die Home-Position bezieht, wieder richtig anfahren.

Es gibt also zwei Subroutinen: das Synchronisieren des Roboters, bei dem eine bestimmte Ausgangslage wieder mechanisch richtig hergestellt wird, und das Fahren in die Home-Positon, in die Ausgangsposition des Wegemeßsystems. Das Fahren in die Home-Position ist dabei gewissermaßen ein Bestandteil der Robotersynchronisation. Dabei wird die Home-Position z. B. als Position relativ zur Lage der Endabschaltung festgelegt.
Im Basic-Programm kann man das z. B. über eine Data-Zeile machen.

**Unterprogramm In die Home-Position fahren**

```
5500 REM Endabschaltung fahren
5510 FOR I=0 TO 5: G(I)=0: NEXT:        REM Alle Motoren maximale Geschwindigkeit
5520 FOR I=0 TO 5: POKE 784 + I, G(I): NEXT
5530 POKE 10,12: CALL -15782:          REM Losfahren
5540 POKE 10,14: CALL -15872: IF PEEK(783)=255 THEN 5540:
                              REM Warten, bis ROB im Endschalter sitzt
5550 POKE 10,16: CALL -15872:          REM Home-Position auf Endschalterposition setzen, relativ dazu
                              bringt das Fahren der Daten der DATA Zeile den Manipulator in die
                              Home-Position des Teach in.
5555 FOR I=0 TO 11: READ W: POKE 784 + I,W: NEXT
5560 POKE 10,10: CALL -15872:          REM PTP-Fahren
5570 POKE 10,14: CALL -15872:  IF PEEK(783)=255 then 5570:
                              REM Warten bis PTP fahren erledigt
5580 POKE 10,16 : CALL -15782:         REM Home-Position für Wegemeßsystem setzen
5590 RESTORE: RETURN
5600  DATA   153,1,65,1,185,1,175,1,171,0,103,0
```

## Unterprogramm: Roboter synchronisieren

1600 REM Roboter synchronisieren= Relatives Wegemeßsystem mit der geometrischen Position des Manipulators
                            in Deckung bringen
1610 GOSUB 100                         REM Lade Positionsvektor
1620 FOR I=0 TO 11:AUSGANGSPOSITION(I)=P(I): NEXT I: REM Merken der Ausgangsposition
1630 GOSUB 5500                         REM in Home-Position fahren
1640 FOR I= 0 TO 11: P(I)=AUSGANGSPOSITION(I) : NEXT I: REM gemerkte Position in Positionsvektor laden
1650 FOR I=0 TO 11 : POKE 784 + I, P(I): NEXT I
1660 POKE 10,10: CALL -15872: REM PTP in die alte Position fahren, nun aber synchron
1670 RETURN

## Unterprogramm: Teach-Geschwindigkeit setzen

1670 REM  Teach-Geschwindigkeit setzen, es werden 9 Stufen angeboten
9010  ANTWORT$="123456789"
9020 PRINT "STANDARDGESCHWINDIGKEIT (1 2 3 4 5 6 7 8 9)"
9030 GET T$
9040 FOR I=1 TO LEN(ANTWORT$)
9045 IF T$=MID$(ANTWORT$,I,1) THEN GMERKER$=T$: RETURN
9050 NEXT I
9060 GOTO 9030

Für das Teach-in wird das **Keyboard des Apple II verwendet** (siehe Bild 3.6).

Tastenanordnung für das Teach-in

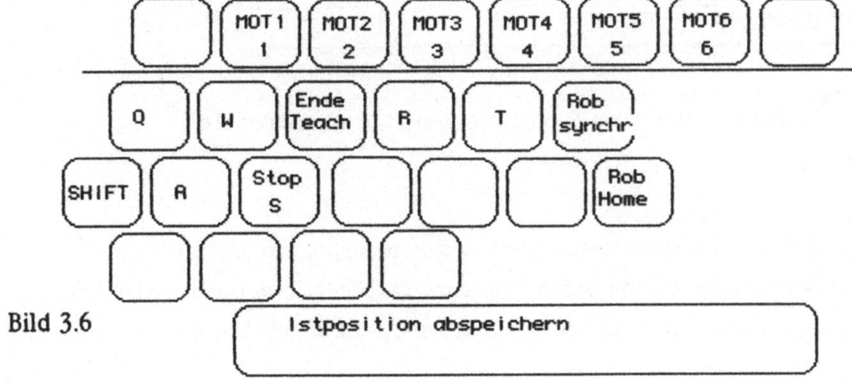


Bild 3.6

Die Tasten 1, 2, 3, 4, 5, 6 dienen zum Einschalten der achstreibenden Motoren.

SHIFT + 1, 2, 3, 4, 5, 6 betreiben den Motor in die Gegenrichtung.

Als Stopptaste für alle Motoren wird die Taste 'S' vereinbart.

Ferner vereinbaren wir 'E' als Kommando für das Ende des Teach-in,

'H' für das Fahren in Home-Position,

'Y' für das Synchronfahren des Roboters und

'Leertaste' für die Aufnahme der Istposition in die Bewegungsliste.


Die Kontrollstruktur des Teach-in besteht in einer Wiederholung der Tastaturabfrage, bis das Ende des Teach in gewünscht wird. Das Kommando 'S' führt zur Abschaltung aller Motoren. Die Motorkontrolle liegt bei unserer Roboterkonstruktion beim Roboterkontrollprozessor. Das Stopp von der Tastatur wird zunächst in einen Befehl an diesen Prozessor umgesetzt und von diesem dann durchgeführt. Die einzelnen Tastaturbefehle werden als Subroutine zur Verfügung gestellt.

Struktogramm Teach in

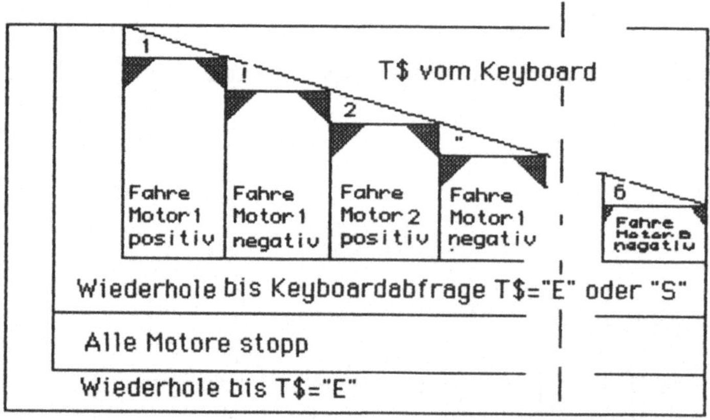


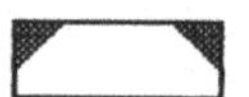 Block wird vom Parallelprozessor abgearbeitet

Bild 3.7


Ein weiterer wesentlicher Bestandteil des Roboterprogrammiersystems ist eine Routine für die Abarbeitung eines Positionsvektors. Wir müssen dabei beachten, daß ein solcher Befehl auch sensorüberwacht durchgeführt werden soll. Wir müssen also die Abarbeitung eines Positionsvektors so programmieren, daß ein externes Signal die Abarbeitung unterbrechen kann.

Am Apple bietet sich an, die Paddle-Eingänge als Sensoreingänge zu benützen. Dies sind 4 analoge Eingänge mit einer Auflösung von 0 bis 255 für einen variablen Ohmschen Widerstand von 0 bis 150 k$\Omega$.

Diese lassen sich über den Befehl PDL(n), $0 \leq n \leq 3$, ansprechen. Daneben gibt es die Möglichkeit, die einzelnen Pins der Spiel-Ein/Ausgänge des Apple II auf anliegendes High oder Low abzufragen, bzw. auf die Pins High ($\geq 3{,}5$ V) und Low ($\leq 0{,}3$ V) auszugeben. (vgl. Applesoft II, BASIC Programming Reference Manual, Appendix J, S. 134-135). Die einfachste Lösung ist zunächt einmal, die Spielpaddles als handmanipulierte Sensoreingänge zu benützen.

Im Struktogramm sieht der sensorkontrollierte Bewegungsbefehl folgendermaßen aus:

```
Sollposition in Vektor P laden
Vektor P auf Speicher 784 und folgende Poken
PTP Fahren Roboter starten
BusySpeicher=Peek(783)
Sensoreingang=Pdl(0)
Solange Sensoreingang <128 and BusySpeicher=255
    Sensoreingang=Pdl(o)        Fahre PTP bis Sollposition
    BusySpeicher=Pekk(783)      Poke 783,0
```

Bild 3.8 Struktogramm sensorkontrollierter Bewegungsbefehl

Wenn man nicht, wie in unserer Konstruktion, echte Parallelprozesse fahren kann, dann muß man sich mit pseudoparallelem Verhalten, also kurz hintereinander durchgeführten Fragen nach Sensor- und Roboterzustand, begnügen.

# 4. Ein Robotmodell und seine Steuerung

Wir wollen nun ein ganz konkretes **Robotmodell** untersuchen und uns sämtliche
Komponenten einer geeigneten, **einfachen Steuerung** erarbeiten. Wie die großen
Originale besteht auch unser Modell aus folgenden drei **Hauptteilen**:

Bild 4.1

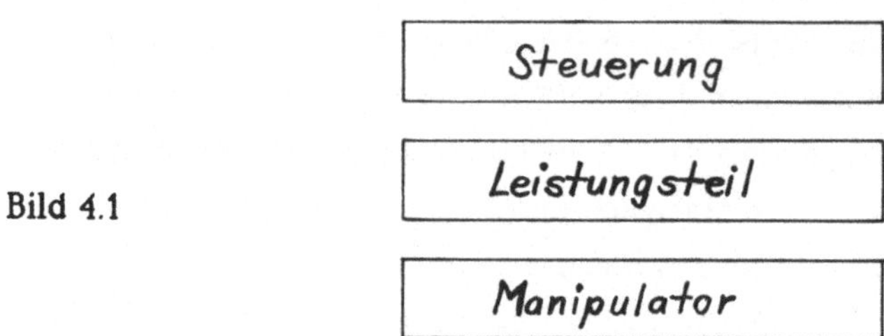


Zur Steuerung gehört ein Mikrocomputer, den wir als **Steuerrechner** verwenden,
und ein **"intelligentes" Roboter-Interface mit Mikroprozessor**. Der Steuerrechner gibt nur Befehlsnummern von Steuerbefehlen aus, deren Ausführung von
einem Steuerprogramm vorgenommen wird, das auf dem Mikroprozessor des
Interface läuft. Dieses Steuerprogramm ist in einem Eprom gespeichert. Damit läßt
sich die Grobstruktur des Modells etwas präziser darstellen:

Bild 4.2

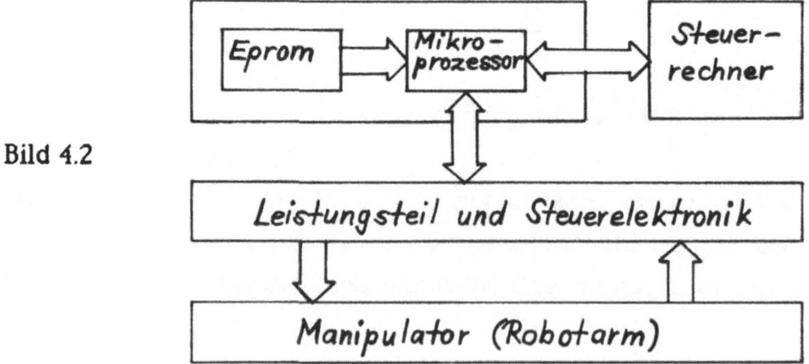


Das Leistungsteil und die Steuerelektronik werden wir im 6. Kapitel, Steuerung
und Manipulator im Folgenden besprechen. Beschäftigen wir uns zunächst mit
dem mechanischen Teil unseres Modells, dem **Manipulator**.

## 4.1 Der Roboterarm

Wir wählen den "**TEACH-ROBOT**" der Fa. Mikroelectronic als Manipulator unseres Robotermodells. Dieser ist relativ preisgünstig als Bausatz zu haben, wofür allerdings im Vergleich zu anderen Modellen ein ziemlich beschränkter Arbeitsraum und eine reduzierte Tragfähigkeit in Kauf genommen werden muß. Da wir aber kein Industrieprodukt zum Arbeitseinsatz, sondern nur ein **Demonstrationsmodell** haben wollen, ist der "TEACH-ROBOT" für unsere Zwecke ausreichend.

Bild 4.3

Auf einer Grundplatte ist über ein Drehgelenk der **Körper** (horizontal) befestigt. Der Körper trägt über das **Schultergelenk** den **Oberarm**, der über das **Ellenbogengelenk** an seinem oberen Ende mit dem **Unterarm** verbunden ist. Jedes

dieser drei Teile ist etwa 25 cm lang. Am freien Ende des Unterarms sitzt die
**Hand**, die über zwei Gelenke dreh- und schwenkbar ist. Die Hand verfügt über
einen **zweifingrigen Greifer**. Das Modell besitzt somit **5 Achsen** und je einen
zugehörigen Gleichstrommotor. Ein weiterer Motor betätigt den Greifer. Bis auf
Handdrehen und Greifer funktioniert jeder Antrieb auf folgende Weise:

Bild 4.4

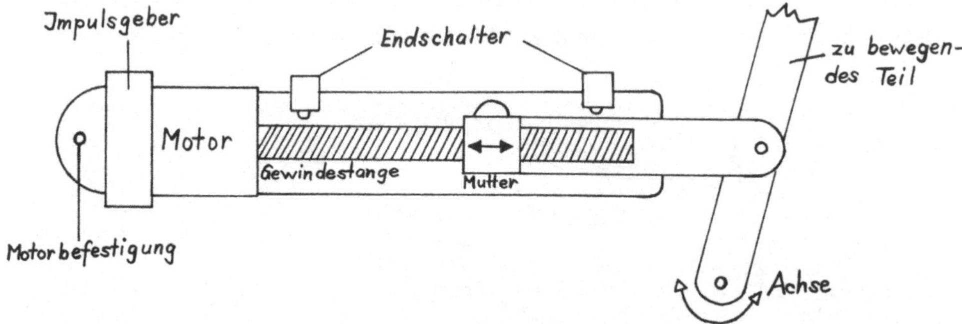


Motorbefestigung und Achse sind gegeneinander fixiert.

Der Bewegungsbereich dieser angetriebenen Achsen umfaßt etwa 90°. Durch die
von uns zusätzlich angebrachten Endschalter, die den Motor stromlos setzen, wird
dieser Bereich noch etwas verkleinert. In der Rückholphase von Oberarm und
Unterarm gegen die Schwerkraft werden die entsprechenden Motoren durch je eine
**Zugfeder** unterstützt. Die Motoren erzeugen pro Umdrehung eine Verschiebung
der Mutter um 0,5 mm und können mit maximal 19 V angesteuert werden. Das
Handdrehen und die Greiferbetätigung erfolgen über **Schneckengetriebe** und
sind (bis auf das Greiferschließen) auch über Endschalter abgesichert. Der Dreh-
bereich der Hand umfaßt ca. 270°, der jedes Fingers des Greifers ca. 110°.

Jeder Motor treibt auch noch einen **Impulsgeber**, der pro Umdrehung 4 Rechteckimpulse, also 8 Flanken, abgibt. Diese 6 Impulsgeber sind Grundlage für das
**Wegemeßsystem** des Modells. Insgesamt benötigen wir 14 Verbindungslei-
tungen vom Leistungsteil und der Steuerelektronik zum "TEACH-ROBOT":

Masse, 5 V Versorgung für die Impulsgeber, 6 Signalleitungen für die Impulse, 6 Versorgungsspannungsleitungen für die Motoren, die jeweils gegen Masse geschaltet sind.


## 4.2 Die Grundstruktur der Steuerung

Die Konzeption der Steuerung richtet sich natürlich nach den Anforderungen, die wir an das System stellen. Den begrenzten Möglichkeiten dieses Modells entsprechend, wollen wir uns auf die Realisation einer PTP-Steuerung beschränken: Prinzipiell sollte sie Folgendes leisten:
- **PTP-Fahren von der momentanen in eine vorgegebene Position**
- **Teach-in von Bewegungssequenzen**

Das soll unter Kontrolle eines Steuerrechners ablaufen, also brauchen wir auf jeden Fall einen **Kommunikationsmodul**, der den bidirektionalen Datenaustausch des Interface-Mikroprozessors mit dem Steuerrechner vollzieht. Ein weiterer Modul, der **Robot-Controller**, steuert das Leistungsteil und verwaltet durch Auswertung der Impulse der Impulsgeber auf den Signalleitungen das Wegemeßsystem unseres Modells. Der **Positioniermodul** realisiert das PTP-Fahren in eine vorgegebene Position. Schließlich wollen wir noch einen Verwaltungsmodul, den **Monitor**, einsetzen, der eine Systemzeit verwaltet und die entsprechende Verteilung der CPU-Aktivität auf die einzelnen Software-Komponenten vornimmt.

Diese 4 Module bilden das Grundgerüst des im Eprom des Roboter-Interface gespeicherten Steuerprogramms. Die Steuersoftware in unserem als Steuerrechner verwendeten Mikrocomputer wird in den folgenden Betrachtungen keine Rolle spielen. Aus der Sicht des Interface-Mikroprozessors ist der Steuerrechner lediglich Ziel und Quelle für Datentransfers.

Bevor wir uns mit dem Zusammenwirken dieser 4 Module näher befassen, wollen wir noch etliche grundlegende Begriffe definieren.

Betrachten wir dazu einen Motor des Modells und das Teil, das er direkt bewegt:

Als Maßzahl für die Motorgeschwindigkeit nehmen wir einen ganzzahligen Wert zwischen -128 und +127, der in einem Byte gespeichert werden kann. Dadurch wird der gesamte Spannungsbreich von -12 V bis +12 V (das ist der Maximalbereich unserer Stromversorgung) gleichmäßig in 256 Abschnitte unterteilt, so daß jeder Motor mit 256 verschiedenen positiven oder negativen Spannungen gegen Masse geschaltet werden kann. Den Inhalt des Bytes, also die Maßzahl, nennen wir kurz **Geschwindigkeit** des Motors. Hat das Byte den Wert -128, so wird der Motor mit -12 V angesteuert, beim Wert 0 mit 0 V, beim Wert 127 mit +12 V, und bei jedem Zwischenwert entsprechend. Der Impulsgeber des Motors liefert Rechteckimpulse in der Signalleitung. Den zeitlichen Abstand zweier direkt aufeinander folgender Flanken dieser Impulse bezeichnen wir als **Flankenabstand**. Der Pegelzustand der Signalleitung wird in gleichmäßigen Zeitabständen abgefragt und somit der Flankenabstand quasi ausgezählt. Diesen Zähler nennen wir **Flankenabstandszähler**. Flankenabstand und Flankenabstandszähler werden in jeweils einem Byte gespeichert. Bei größeren Zahlen führt dies zwar zum Überlauf, was jedoch in der praktischen Anwendung keine störenden Auswirkungen hat.

Ein Roboterteil befindet sich in einer **Endposition**, wenn der für seine Bewegung zuständige Motor mit maximaler Geschwindigkeit solange dreht, bis ein Endschalter anspricht. Es gibt also 2 Endpositionen: $E^+$ bzw. $E^-$ beim Fahren mit positiver bzw. negativer Geschwindigkeit. Bei der Bewegung des Teils von einer Endposition in die andere entsteht eine gewisse Zahl n von Flanken auf der Signalleitung. Das Roboterteil befindet sich **in Motorposition l**, wenn bei Bewegung von $E^+$ aus mit konstanter Geschwindigkeit auf der Signalleitung genau l Flanken registriert wurden ($0 \le l \le n$). Es gibt also genau n+1 verschiedene Motorpositionen (l hat je nach Motor Werte zwischen 120 und 830).
Wir wählen nun eine feste Motorposition a als Bezugsposition, die wir **Ausgangsposition** nennen ($0 \le a \le n$). Dem Robotteil wird nun eine Variable **Ist-Position** zugeordnet, die in Form von 2 Bytes gespeichert wird. Befindet sich das Roboterteil in Motorposition l, so ist der zugehörige Wert von Ist-Position a-l. Die Ausgangsposition ist also durch Ist-Position = 0 gekennzeichnet. Von der Ausgangsposition in Richtung $E^+$ nimmt Ist-Position positive und in Richtung $E^-$

negative Werte an. Dreht der Motor in Richtung $E^+$, so ist Ist-Position bei jeder Flanke zu incrementieren, dreht er in Richtung $E^-$ muß decrementiert werden.

Der Positioniermodul benötigt noch eine weitere Variable **Soll-Position**, die analog wie Ist-Position definiert wird. Der Wert von Soll-Position wird vor Beginn einer Bewegung fest vorgegeben und bleibt während der Bewegung konstant (Vergleichswert für Ist-Position). Ist-Position dagegen wird während der Bewegung durch die registrierten Flanken ständig aktualisiert und vermittelt die momentane Position des Robotteiles.

Wir fassen nun die Ausgangs-, Ist- und Soll- Positionen aller 6 Motoren zu 3 Vektoren mit je 6 Komponenten zusammen und sprechen dann von der **Ausgangs-, Ist- und Soll-Position des Roboters**. Die räumliche Lage eines festen Punkts des Roboterarms ist durch diese Positionsangaben nicht eindeutig bestimmt, vielmehr wird nur ein kleines Raumgebiet festgelegt, in dem sich der Punkt befindet. Die Größe dieses Raumgebiets hängt vom Abstand des Punktes von jeder Drehachse und von der Größe des Drehwinkels zwischen 2 Flanken bei jedem Motor ab. Jedes solche Gebiet ist bei unserem Modell sicher kleiner als ein Würfel mit 2 mm Kantenlänge.

Wenn der Roboter mit der Ausführung eines Befehls beschäftigt ist, muß er dem Steuerrechner signalisieren, daß er momentan keine weiteren Befehle mehr entgegennehmen kann. Dazu dient ein Bit-Speicher, das **Rob-Busy-Flag**, dessen jeweiliger Zustand über den Kommunikationsmodul an den Steuerrechner übermittelt werden kann.
Im Bild 4.5 sind die Hauptkomponenten der Robotersteuerung und die Grundzüge ihres Zusammenwirkens dargestellt. Wir wollen uns daran die Funktion der einzelnen Module klarmachen.

Bild 4.5

Positionier-Modul
Monitor
Flanken-Abstände
Abstands-Zähler
Ist-Position
Soll-Position
Rob-Busy
Geschw.
Robot-Controller
Kommunikations-Modul
Daten-bus
Data (8Bit)
MP Port
Handshake-Leitungen
Robotinterface-Hardware:
Leistungsteil u. Steuerelektronik
Steuer-Rechner
Motor-Steuer-leitungen
Wegemessung (6 Flankengeber)
Robotarm (Manipulator)

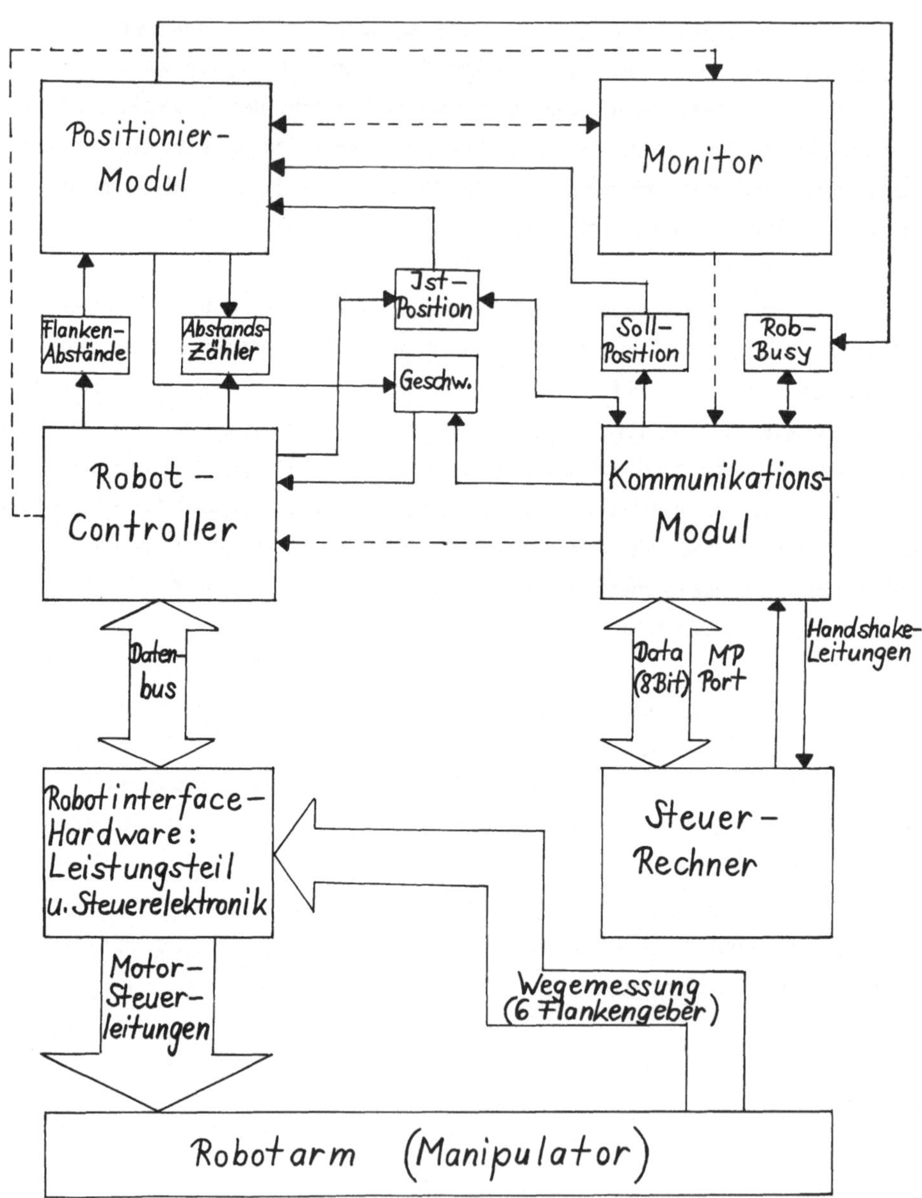

## 4.3 Der Monitor

Die Konzeption des Monitors bestimmt die **Programmablaufstruktur** unseres Steuerprogramms. Da zum Betrieb des Systems Zeitmessungen nötig sind (z. B. Zeiten für Bremsvorgänge oder Flankenabstände), brauchen wir eine **Zeitbasis**. Diese schaffen wir dadurch, daß ein **interner Timer** des Mikroprozessors unser Programm in stets gleichbleibenden Abständen unterbricht (-> Timer-Interrupt). Den konstanten Zeitabstand zwischen zwei aufeinander folgenden Unterbrechungen nennen wir **Hauptschleifenzyklus (HSZ)**. Das Ausmessen eines Zeitintervalls erfolgt dann durch Abzählen aller HSZ, die in den Bereich des betrachteten Intervalls fallen. Alle solchen Zeitangaben sind dann mit einem Fehler ± 1 HSZ behaftet. Wir wählen einen HSZ von ca. 1,5 msec.

Da viele Bestandteile unseres Steuerprogramms, insbesondere die Motorsteuerungen der einzelnen Motoren im Positioniermodul, je nach Aufgabe zu höchst unterschiedlichen Zeitpunkten aktiv oder inaktiv sind, organisieren wir unser System in Form eines sehr einfachen **Stapelverarbeitungssystems**. Der Monitor übernimmt dabei die Aufgabe eines winzigen Betriebssystems, und aus den 3 anderen Modulen werden auf geeignete Weise **Jobs** gebildet, die genau dann in eine **Warteschlange** eingereiht werden, wenn sie gebraucht werden. Der Monitor arbeitet dann die Warteschlange ab.

Welche Jobs werden gebildet?
Wir fassen zunächst den **Kommunikationsmodul** und den **Robot-Controller** zu einem Job zusammen (**Job1**). Entsprechend der Tatsache, daß bei einer PTP-Steuerung alle Motore unabhängig voneinander arbeiten, zergliedern wir den **Positioniermodul** in 6 einzelne Motorjobs (**Job2 - Job7**).
Um aufwendige und in unserem Fall unnötige Save-Jobstatus- und Restore-Jobstatus-Routinen in unserem Monitor zu vermeiden, strukturieren wir diese Jobs so, daß keiner davon durch das Ende eines HSZ unterbrochen werden kann. Das erreichen wir auf folgende Weise: Jeder Job, dessen Gesamtabarbeitung i. allg. sehr viel länger als nur einen HSZ dauert, unterbricht sich selbst an wohldeterminierten Stellen und übergibt freiwillig die Kontrolle an den Monitor, der den nächsten Job in der Warteschlange aufruft. Der unterbrochene Job reiht sich am

Ende der Warteschlange für die Fortsetzung seiner Abarbeitung im nächsten HSZ ein. Durch entsprechende Aufteilung jedes Jobs in mehrere Teile mit hinreichend kurzer Bearbeitungsdauer kann so die gesamte Warteschlange in einem HSZ abgearbeitet und neu gefüllt werden. Der letzte Job in der Warteschlange ist stets der **Monitorjob (Job 8)**, der Verwaltungsaufgaben übernimmt. Er setzt sich selbst ans Ende der Warteschlange und den Warteschlangenpointer an den Beginn der Warteschlange. Dann wird die je nach "Füllstand" der gerade abgearbeiteten Warteschlange unterschiedliche Restzeit im laufenden HSZ bis zum Timerinterrupt abgewartet.

Im Bild 4.6 ist die Ablaufstruktur der Steuerungssoftware veranschaulicht. Wie schon im Bild 4.5 kennzeichnet ---> eine Verlagerung der CPU-Aktivität, und ⊣☐ bzw. ☐⊢ einen schreibenden bzw. lesenden Zugriff auf die Warteschlange.

Bild 4.6

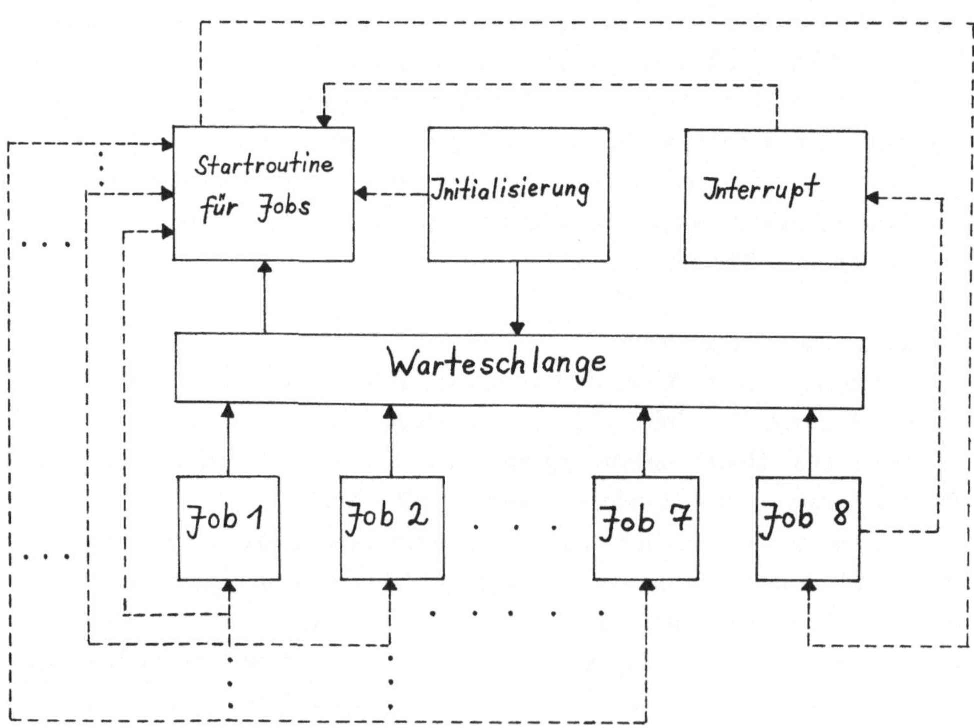

Der Monitor besteht aus der **Job-Start-Routine**, der **Interruptroutine**, der **Warteschlange**, dem Monitorjob und zwei Pointern auf die Warteschlange, dem **Nextjobpointer** und dem **Endpointer**. Die Job-Start-Routine startet den Job, auf den der Nextjobpointer in der Warteschlange gerade zeigt, und versetzt dann den Pointer. Vor seiner freiwilligen Unterbrechung gliedert sich der laufende Job gemäß Endpointer in die Warteschlange ein und versetzt den Pointer. Die Interruptroutine initialisiert den internen Timer für einen neuen HSZ, ersetzt die am Ende eigentlich erfolgende Rückkehr in den Monitorjob durch einen Aufruf der Job-Start-Routine und beendet den Interrupt.

Im Bild 4.7 ist die Ablaufstruktur auf andere Weise, unter Verwendung eines **Fahrnetzes**, dargestellt. Wir durchfahren solch ein Fahrnetz in der angegebenen Richtung, beginnend bei ▶── . Ein Umkehren ist dabei genauso verboten wie falsches Abbiegen an den Weichen, die durch ──╱ dargestellt werden. Abbiegen nur so: ──╱ , aber niemals so: ╲── . Das Fahren auf den Linien von Rechteck zu Rechteck symbolisiert die entsprechende Verlagerung der CPU-Aktivität. Jeder HSZ präsentiert sich im Fahrnetz durch ein- oder mehrmaliges Durchfahren. Bis auf den ersten HSZ (der beginnt mit Start), beginnt jeder HSZ mit Interrupt, "fährt" dann einmal oder mehrmals über Job1 bis Job7 (mit einem Start jeweils dazwischen) und endet mit Job8.

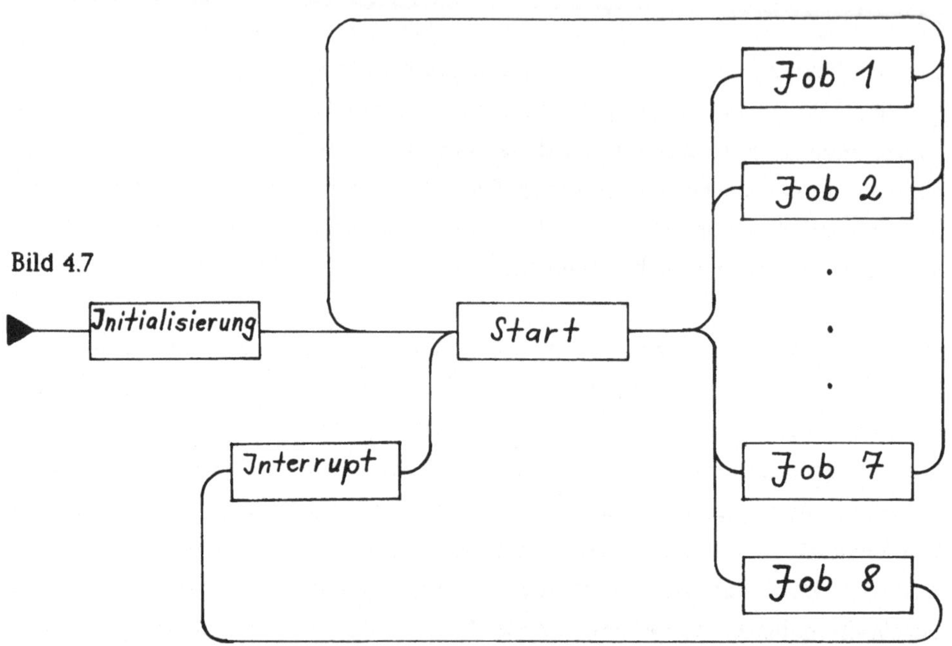



## 4.4 Der Kommunikationsmodul

Er bildet zusammen mit dem Robot-Controller den Job1. Die Kommunikation mit dem Steuerrechner erfolgt über einen Port des Interface-Mikroprozessors, der über eine 8-Bit-Parallel-Leitung mit einem parallelen Eingabe/Ausgabebaustein im Steuerrechner verbunden ist. Um einen sicheren **Quittungsbetrieb** zu ermöglichen, gibt es noch **zwei separate Handshakeleitungen**, eine für den "Output an", die andere für den "Input vom" Steuerrechner. Steuerrechner und Kommunikationsmodul bilden ein **Master-Slave-System**, d. h. der Kommunikationsmodul empfängt oder sendet ausschließlich auf Veranlassung des Steuerrechners. Jede Kommunikation wird grundsätzlich dadurch eröffnet, daß der Kommunikationsmodul ein **Data-Ready-Signal** auf seiner Input-Handshakeleitung registriert. Er geht dann sofort auf Empfang, übernimmt ein Byte, dessen Inhalt als **Befehlsnummer** interpretiert wird, und bestätigt den erfolgreichen Datentransfer durch ein **Data-Taken-Signal** auf seiner Output-Handshakeleitung. Nach

Beendigung der Empfangsroutine, deren Struktur wir etwas später aufschlüsseln, wird der aufgrund seiner Nummer identifizierte Befehl ausgeführt, falls das Rob-Busy-Flag nicht gesetzt ist. Einzige Ausnahme davon ist der Notaus-Befehl, der in jedem Fall sofort ausgeführt wird. Das folgende Struktogramm verdeutlicht die Struktur des Kommunikationsmoduls:

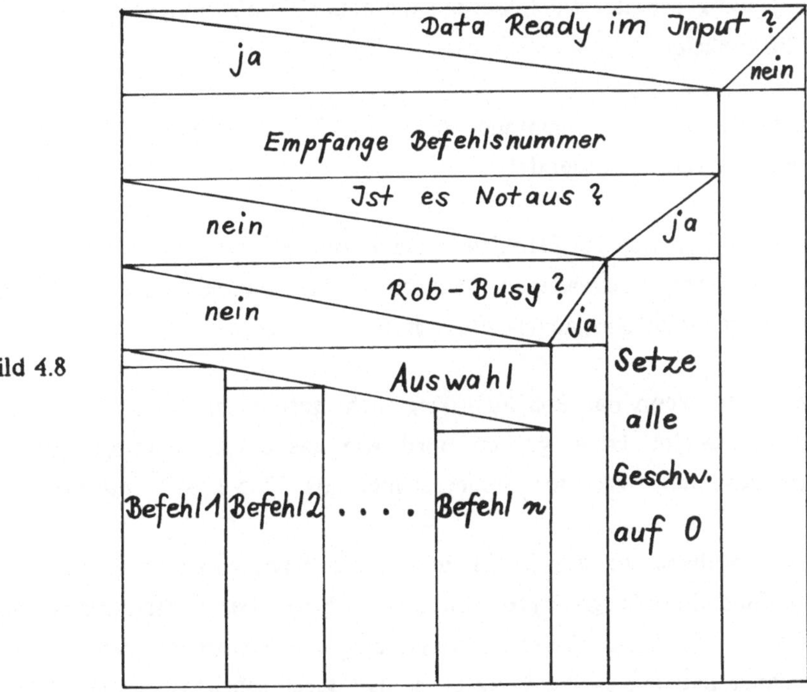


Bild 4.8

Welche Befehle gibt es?
Die im Folgenden beschriebenen 6 Befehle reichen aus, um die von uns geforderten Leistungen des Robotmodells zu realisieren:

**Notaus**: Wirkt wie beschrieben - dient zum sofortigen Abbruch einer Bewegung, etwa bei einer drohenden Kollision (Notaus-Funktion).

**Empfange Soll-Position**: Es werden für jeden Motor 2 Byte für die neue Position empfangen und der 12-Byte-Variablen Soll-Position zugewiesen. Dann werden

Job2 bis Job7 in die Warteschlange eingegliedert, so daß die PTP-Bewegung im nächsten HSZ beginnt. Darüber hinaus wird das Rob-Busy-Flag gesetzt.

**Empfange Geschwindigkeiten**: Für jeden Motor wird 1 Byte als neue Geschwindigkeit empfangen und der 6-Byte-Variablen Geschwindigkeit zugewiesen. Da der Robot-Controller, der die neuen Geschwindigkeiten an alle Motoren ausgibt, im gleichen Job abgearbeitet wird, werden die neuen Geschwindigkeiten noch im laufenden HSZ realisiert.

**Sende Ist-Position**: Der momentane Wert der 12-Byte-Variablen Ist-Position wird an den Steuerrechner gesendet.

**Set-Home**: Nach Empfang der Befehlsnummer dieses Befehls wird der Variablen Ist-Position der Wert 0 zugewiesen. Dadurch werden die momentanen Motorpositionen zusammen als Ausgangsposition definiert.

**Teste Rob-Busy**: Wenn das Rob-Busy-Flag nicht gesetzt ist, wird "0" an den Steuerrechner gesendet. Ist es gesetzt, wird, wie das obige Struktogramm 4.8 zeigt, nichts gesendet, was der Steuerrechner als "Rob-Busy" interpretiert.

Um all das ausführen zu können, benötigt der Kommunikationsmodul zwei zentrale Routinen: **Empfange-Byte** und **Sende-Byte**. Deren Struktur veranschaulichen wir uns in Form zweier Struktogramme. Die entsprechenden Routinen im Steuerrechner haben dieselbe Struktur, so daß durch schrittweises Betrachten beider Struktogramme der Ablauf eines Empfangs- bzw. Sendevorgangs direkt nachvollzogen werden kann.
Beim Empfang wird Data-Ready auf der Input-Handshakeleitung empfangen und Data-Taken auf der Output-Leitung gesendet. Beim Senden ist es entsprechend umgekehrt. Diese Art der Datenübertragung mit Handshakeleitungen hat den Vorteil, daß sie unabhängig von irgendwelchen Festlegungen (Pulsbreiten, Pausenzeiten zwischen 2 Databytes, etc.) arbeitet. Die Übertragung erfolgt stets mit der Geschwindigkeit der jeweils langsameren Seite.

Bild 4.9

Left diagram (Struktogramm):
```
Solange (nicht Data Ready)
    Warte
Ziehe Data ein
Gib Data Taken aus
Solange Data Ready
    Warte
Gib (nicht Data Taken) aus
```

Right diagram (Struktogramm):
```
Gib aus Data
Gib aus Data Ready
Solange (nicht Data Taken)
    Warte
Gib (nicht Data Ready) aus
Solange Data Taken
    Warte
```

## 4.5 Der Robot-Controller

Dieser besteht aus zwei Komponenten: **Motoransteuerung** und **Wegemeßsystem**.

Die Motoransteuerung gibt an das Leistungsteil für jeden Motor denjenigen Geschwindigkeitswert aus, der momentan in der Variablen Geschwindigkeit gespeichert ist. Das Leistungsteil versorgt dann alle Motoren mit der entsprechenden Spannung im Bereich von -12 V bis +12 V gegen Masse. Allerdings erfolgt diese Ausgabe nur dann, wenn sich der Wert der Variablen Geschwindigkeit vom Wert der controllerinternen 6-Byte-Variablen **Oldspeed** unterscheidet. In Oldspeed ist die jeweils aktuelle Geschwindigkeit beim letzten Aufruf des Controllers gespeichert. Daher wird am Ende der laufenden Abarbeitung der Motoransteuerung Oldspeed aktualisiert. Ist Oldspeed = 0, so werden, begleitend zur Ausgabe der neuen Geschwindigkeiten, alle Flankenabstandszähler genullt. Sie hätten sonst nämlich, wegen des ständigen Durchzählens mit Überlauf, einen die tatsächlichen Verhältnisse verfälschenden Inhalt. Bei Oldspeed = 0 wird auch der Wert der 6-Bit-Variablen **Drehrichtung** entsprechend dem Vorzeichen der Geschwindigkeit neu festgelegt.

Das Wegemeßsystem verwaltet folgende Variablen des Steuerprogramms: **Flankenabstände, Flankenabstandszähler, Ist-Position**.

Bei jedem Durchlauf des Controllers werden alle Flankenabstandszähler incrementiert. Das ist ein Grund dafür, daß der Job1, bestehend aus Kommunikationsmodul und Robot-Controller, in jedem HSZ abgearbeitet werden muß. Deshalb besteht seine letzte Aktivität in jedem HSZ darin, sich selbst wieder in die Warteschlange für den nächsten HSZ einzuschreiben. Weitere Gründe sind, daß Flankenregistrierung und Notaus zeitkritische Vorgänge sind, die in möglichst kurzen Abständen geprüft werden müssen.

Wird eine Flanke, also ein Pegelwechsel, in einer der 6 Signalleitungen registriert, so wird zunächst deren Gültigkeit ($\geq 3$ HSZ) festgestellt. Auf diese Weise werden **Fehlimpulse** ausgefiltert, die im praktischen Betrieb gelegentlich vorkommen. Bei einer gültigen Flanke wird der Flankenabstandszähler als Flankenabstand kopiert und dann auf 0 gesetzt. Dann wird die 6-Bit-Variable Drehrichtung gelesen und entsprechend Ist-Position incrementiert oder decrementiert. Das Struktogramm in Bild 4.10 verdeutlicht uns den gesamten Ablauf.

## 4.6 Der Positioniermodul

Bevor wir uns näher mit Struktur und Funktion dieses Moduls befassen, müssen wir uns Klarheit über das "**Wissen**" **des Systems von der Umwelt** verschaffen. Einzige Verbindung zur Außenwelt und damit Grundlage für ein extrem reduziertes "Umweltmodell" sind die momentanen Werte, bzw. deren Änderung, der Variablen Flankenabstand, Flankenabstandszähler und Ist-Position für alle 6 Motoren. Damit sind nur Motorpositionen, Drehgeschwindigkeiten und Drehbeschleunigungen zu erfassen - die beiden letzteren wegen der relativ geringen Auflösung der Impulsgeber und der von mehreren, schwer einzukalkulierenden Faktoren abhängigen Drehzahlstreuung auch nur qualitativ. Für die von uns angestrebte PTP-Steuerung genügt es aber, wenn wir jede mögliche Motorposition exakt einstellen können.

Bild 4.10

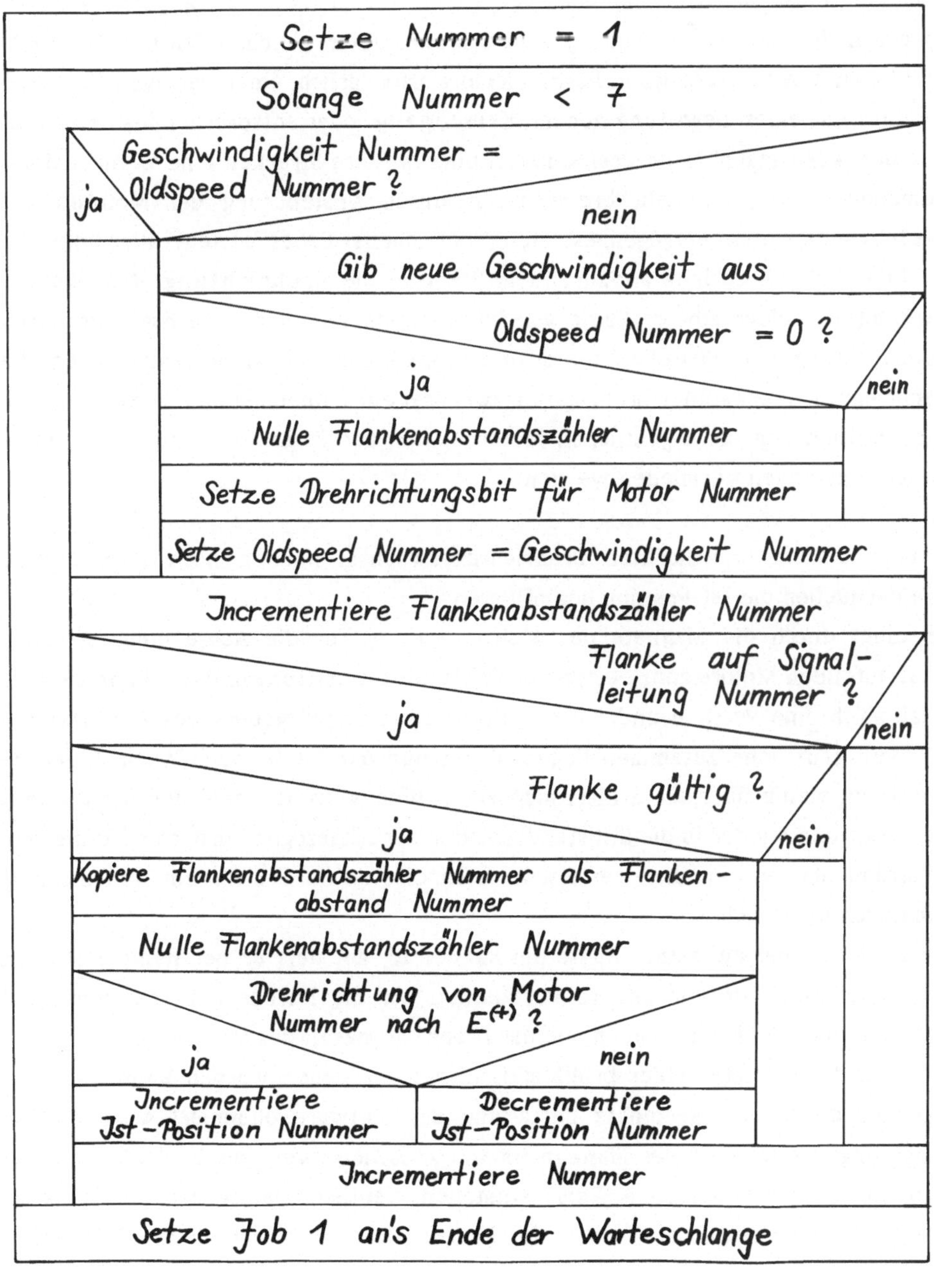

Setze Nummer = 1

Solange Nummer < 7

Geschwindigkeit Nummer = Oldspeed Nummer ?
ja · nein

Gib neue Geschwindigkeit aus

Oldspeed Nummer = 0 ?
ja · nein

Nulle Flankenabstandszähler Nummer

Setze Drehrichtungsbit für Motor Nummer

Setze Oldspeed Nummer = Geschwindigkeit Nummer

Incrementiere Flankenabstandszähler Nummer

Flanke auf Signal-leitung Nummer ?
ja · nein

Flanke gültig ?
ja · nein

Kopiere Flankenabstandszähler Nummer als Flanken-abstand Nummer

Nulle Flankenabstandszähler Nummer

Drehrichtung von Motor Nummer nach $E^{(+)}$ ?
ja · nein

Incrementiere Ist-Position Nummer

Decrementiere Ist-Position Nummer

Incrementiere Nummer

Setze Job 1 an's Ende der Warteschlange

Hier tauchen aber schon die ersten Schwierigkeiten auf: Schaltet man einen mit voller Geschwindigkeit laufenden Motor ab, so ergibt sich ein **Nachlauf** bis zu 30 Flanken. Diese Zahl ist nicht konstant, sondern vom Motor abhängig und streut sogar nicht unerheblich beim gleichen Motor unter gleichen Startbedingungen. Will man, wie zur genaueren Positionierung erforderlich, einen geringen Nachlauf, so hilft nur eines: Bewegung nur im "**Kriechgang**" oder entsprechendes **Bremsen**. Da der "Kriechgang" beim Positionieren über weitere Strecken eine wenig befriedigende Lösung darstellt, bremsen wir durch Ansteuerung der Motoren mit Geschwindigkeiten entgegengesetzten Vorzeichens. Dabei besteht allerdings die Gefahr, daß bei zu lang andauerndem Bremsen die **Drehrichtung des Motors wechselt**. Leider gibt es keine verläßliche Methode, diesen Wechsel nur durch Beobachtung von Flankenabstand und Flankenabstandszähler festzustellen. Da aber ein nicht erkannter Drehrichtungswechsel eine zunehmende Abweichung der Ist-Position von der eigentlichen Motorposition zur Folge hätte, muß dies unter allen Umständen vermieden werden.

Außer diesem unbemerkten Drehrichtungswechsel können noch zwei andere Fehlerquellen die Ist-Position beeinflussen:
Bedingt durch die Magnete des Motors, gibt es für die Achse eines stromlos auslaufenden Motors ganz bestimmte **Stillstandspositionen**. Dabei kann es sein, daß solch eine Position und ein Schaltpunkt des Impulsgebers des betreffenden Motors ganz nahe zusammen liegen. Wenn nun der Motor beim Auslauf gerade noch ein wenig über die Stillstandsposition hinaus dreht, dabei den Schaltpunkt erreicht und wieder in die Stillstandsposition zurückgezogen wird, so wird die Ist-Position um zwei Flanken verfälscht. Auch dies ist im Grunde ein unbemerkter Drehrichtungswechsel.
Jeder Motor hat auf seiner Achse ein Rändelrad, mit dem er per Hand betrieben werden kann. Tun wir das, so verfälschen wir die Ist-Position, falls wir nicht zufällig in die Richtung drehen, die das Drehrichtungsbit des Motors angibt.
Während der letzte Fehler problemlos direkt vermieden werden kann, muß der andere durch eine geeignete Gestaltung der Software eliminiert werden. Wie Messungen zeigen, ist der Flankenabstand zwischen zwei "falschen" Flanken, die auf die oben beschriebene Weise entstehen, deutlich kleiner als alle Flankenabstände beim regulären Betrieb des Motors. Durch Auswertung der Flankenab-

standszähler können daher gültige von ungültigen Flanken unterschieden werden.


Eine **Überprüfung der Korrektheit der momentanen Ist-Position** ist auf folgende Weise möglich: Alle Motoren werden in die Endposition $E^+$ gefahren. Stimmt dann die Ist-Position mit der Motorposition bzgl. der Ausgangsposition (je 6 Werte) überein, so ist die Ist-Position korrekt. Anderenfalls kann sie entsprechend korrigiert werden.

Dem Positioniermodul stehen folgende Routinen zur Verfügung:

- **Bewegdef**                     - **Bremsposfein**

- **Notaus**                       - **Motausfein**

- **Bremsposgrob**                 - **Stillstand**

- **Motausgrob**                   - **Ende**

Wir wollen nun Funktion und Aufgabe dieser Routinen besprechen:

**Bewegdef**: Vor jedem Motorstart bei einer PTP-Bewegung muß diese Routine ausgeführt werden. In Bewegdef wird die jeweilige Art der Motoraktivität festgelegt. Durch Vergleich der Ist-Position mit der (über den Kommunikationsmodul) vorgegebenen Soll-Position wird zunächst entschieden, ob es sich um eine Grob- oder eine Feinpositionierung handelt. Kriterium dafür ist die Differenz der beiden Positionen. Dabei wird auch die Drehrichtung, genauer das Vorzeichen der Geschwindigkeit ermittelt. Anschließend wird bei **Grobpositionierung** die maximale Geschwindigkeit, bei **Feinpositionierung** eine vom Motor abhängige individuelle Geschwindigkeit mit dem entsprechenden Vorzeichen festgelegt. Diese Individualdaten und auch die Entscheidung, wann grob oder fein positioniert werden muß, hängen von **Erfahrungswerten** ab, die beim ersten **Einmessen** des Robotmodells durch Experimentieren für jeden Motor eigens ermittelt werden müssen. Bewegdef besteht aus 4 Komponenten (siehe Bild 4.11):

MO:  Drehrichtungsbestimmung, Grob/Fein-Auswahl
M1:  Verteiler nach Auswahl
M2: Start  für  Grobpositionierung

M7: Start für Feinpositionierung

präziser: <u>Startbefehl:</u> der physikalische Start erfolgt ja erst durch den Controller

**Notaus**: Diese Routine untersucht nach dem physikalischen Start eines Motors den zugehörigen Flankenabstandszähler. Überschreitet dieser einen individuellen Grenzwert (ca. 10 - 70 HSZ, → Einmessen), so wird unterstellt, daß sich der Motor entweder in einer Endposition befindet oder mechanisch am Drehen gehindert wird. In jedem Fall erfolgt ein **sofortiges Weiterleiten an die Enderoutine**, wo die Geschwindigkeit auf O gesetzt wird. Notaus wird M3 bzw. M8 genannt, wenn der Aufruf aus der Grob- bzw. Feinpositionierung erfolgt (siehe Bild 4.11).

**Bremsposgrob**: Hier wird ständig der Abstand zwischen Ist-Position und Soll-Position untersucht (siehe M4 im Bild 4.11). Ab einem bestimmten Wert dieses Abstands (→ Einmessen) wird auf **volles Bremsen** geschaltet.

**Motausgrob**: Erreicht der Flankenabstand im Verlaufe des Bremsens einen gewissen oberen Grenzwert (→ Einmessen), so wird die Motorgeschwindigkeit auf O gesetzt und das **Abbremsen beendet** (siehe M5 im Bild 4.11).

**Bremsposfein**: Jede Feinpositionierung verändert die Ist-Position um genau 2 Flanken - wenn sie fehlerfrei abläuft. Wegen der Problematik mit den dicht zusammen liegenden Stillstands- und Schaltpositionen ist eine Veränderung der Ist-Position um genau eine Flanke nicht realisierbar, wie Versuche zeigen. Bremsposfein schaltet auf **individuelles Bremsen** (→ Einmessen), wenn genau 2 Flanken seit dem physikalischen Motorstart registriert wurden (siehe M9 im Bild 4.11).

**Bild 4.11**

M2 Start Grobpos.
M3 Notaus?
ja
nein
nein
M4 Bremspos. erreicht?
ja
Bremsen
M5 Motor-Aus-Bedingung erfüllt?
nein
ja :Aus
M6 Motor-Stillstand?
ja
nein
M10 Job beendet?
nein
ja
Grobpositionierung
ja: Motor aus
ja
M8 Notaus?
nein
M7 Start Feinpos.
nein
M9a Bremszeit abgelaufen?
nein
M9 Bremspos. erreicht?
ja
Bremsen
Feinpositionierung
M0 Drehrichtung, Grob/Fein-Auswahl
M1 Grobpositionierung
ja
nein

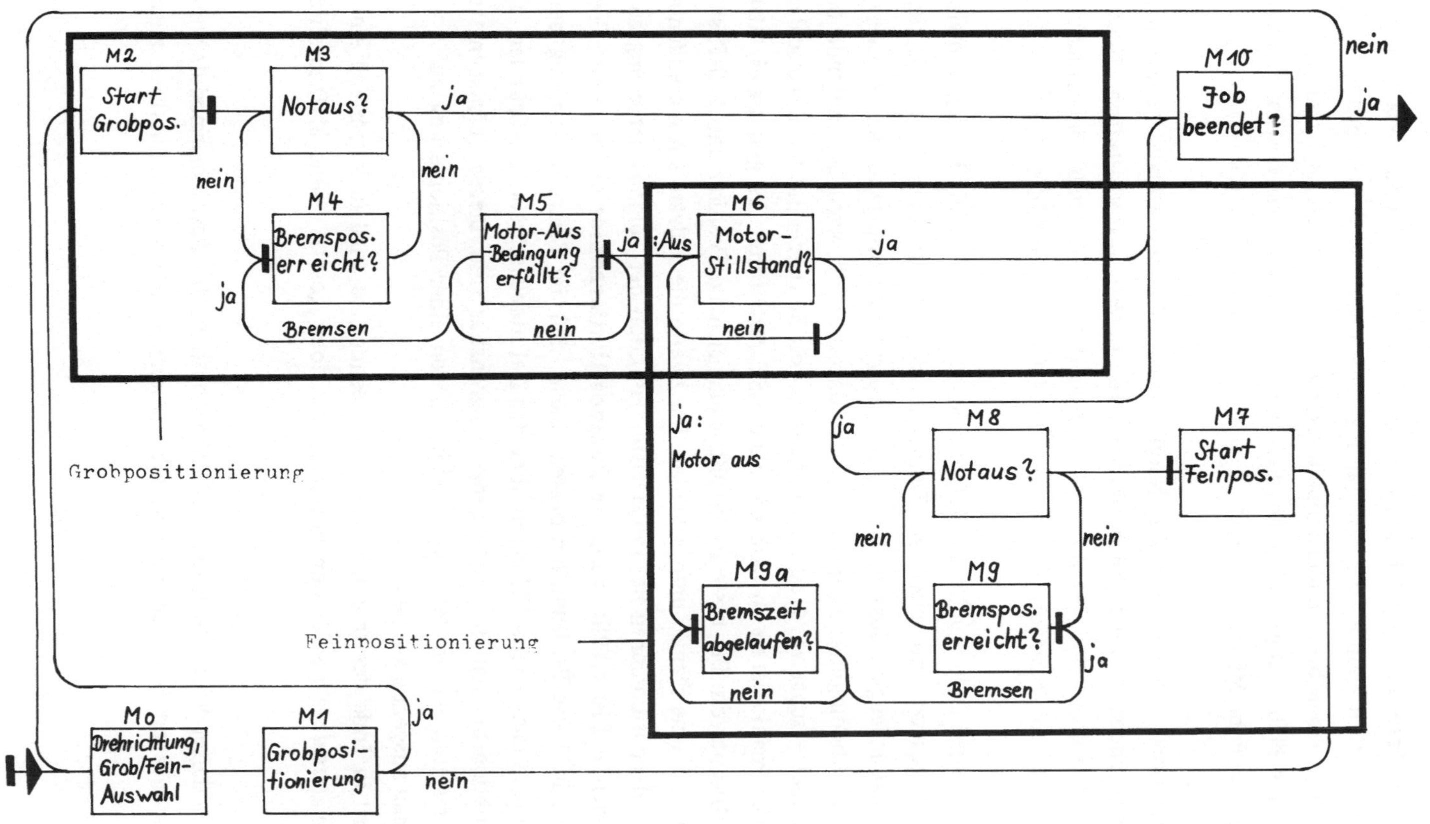

**Motausfein**: Da bei der Feinpositionierung der Motor ja noch vor dem Auftreten einer dritten Flanke zum Stillstand kommen soll, wird hier nicht der Flankenabstand beobachtet, sondern eine **bestimmte Bremszeit** ($\rightarrow$ Einmessen) nach der zweiten Flanke abgewartet. Ist diese abgelaufen, wird die Geschwindigkeit auf 0 gesetzt (siehe M9a im Bild 4.11).

**Stillstand**: Ähnlich wie bei Notaus wird hier der endgültige Stillstand des auslaufenden Motors **beim Erreichen eines individuellen Grenzwerts** ($\rightarrow$ Einmessen) des **Flankenabstandszählers** festgestellt. Bei Stillstand wird sofort an die Enderoutine weitergegeben (siehe M6 im Bild 4.11).

**Ende**: Wird Ende von Notaus aufgerufen, so wird sofort die Motorgeschwindigkeit auf 0 gesetzt und damit die Teilnahme des betreffenden Motors an der PTP-Bewegung abgeschlossen. Erfolgt der Aufruf von Stillstand aus, so werden die Abbruchbedingungen geprüft. Ist eine davon erfüllt, wird der laufende Motorjob beendet - sonst wird durch Eingliedern von Bewegdef in die Warteschlange ein neues Positionieren ab dem nächsten HSZ vorbereitet. Es gibt **zwei Abbruchbedingungen**: Die erste ist erfüllt, wenn sich Ist-Position und Soll-Position um maximal eine Flanke unterscheiden. Die zweite dient dazu, ein nie endendes Hin- und Herpositionieren bei fehlerhafter Funktion der Feinpositionierung zu unterbinden und ist erfüllt, wenn ein **Feinpositionierzähler** einen oberen Grenzwert erreicht. Diese Fehlfunktion besteht darin, daß die Feinpositionierung bei jedem Versuch mindestens 2 Flanken über das Ziel hinausschießt, aus Gründen, die konstruktionsbedingt und nicht genau eingrenzbar sind. Dieses Phänomen tritt aber sehr selten auf, so daß wir im Regelfall von einer Positionierung auf $\pm$ 1 Flanke genau ausgehen können.
Wird in Ende der laufende Motorjob beendet, so wird in jedem Fall ein **Bewegungsende-Flag** für den betreffenden Motor gesetzt (siehe M10 im Bild 4.11).

Nach dieser Vorstellung der einzelnen Routinen des Positioniermoduls wollen wir uns ansehen, wie sich die einzelnen Motorjobs aus diesen Routinen zusammensetzen:

Jeder Motorjob Job2,..., Job7 ist eine Sequenz der Komponenten M0,..., M10, der stets mit M0 beginnt und mit M10 endet. Eine typische solche Sequenz, bei der zuerst eine Grob-, dann eine Feinpositionierung stattfindet, sieht so aus:

**M0, M1, M2, M3, M4,..., M3, M4, M5, M6,..., M6, M10,**

**M0, M1, M7, M8, M9,..., M8, M9, M9a,..., M9a, M6,..., M6, M10**

Die Abarbeitung des einzelnen Motorjobs, von denen jeder eine Sequenz ähnlich der gezeigten darstellt, erstreckt sich über viele HSZ. In jedem HSZ gibt jeder Motorjob an den Stellen, die im Bild 4.11 durch **|** besonders gekennzeichnet sind, freiwillig die Kontrolle an den Monitor zurück. Zuvor reiht er allerdings seine **Fortsetzungsadresse** in die Warteschlange ein. Entsprechend der Unabhängigkeit der Motoraktivitäten bei einer PTP-Bewegung, werden auch die Motorjobs unabhängig voneinander abgearbeitet. In jedem HSZ steht in der Warteschlange genau eine Fortsetzungsadresse für jeden noch nicht beendeten Job. Im Bild 4.11 wird die Ablaufstruktur für einen Motorjob durch ein Fahrnetz anschaulich dargestellt.

## 4.7 Die Realisation von Betriebszuständen

In 4.2 hatten wir von unserer Steuerung als Hauptleistung gefordert, daß PTP-Fahren und Teach-in möglich sein sollte. Dementsprechend unterscheiden wir auch zwei Betriebszustände unseres Systems: **Programmlauf** und **Teach-in**.
Wir wollen uns nun überlegen, wie wir diese Zustände unter Verwendung der beschriebenen Leistungen unserer vier Software-Module realisieren können:

Der Zustand "**Programmlauf**" ist bis zum Ende des Programms eine ständige Wiederholung folgender Abläufe:

**Empfange Soll-Position - Setze Rob busy - Führe aus Ist-Position → Soll-Position - Setze am Ende jedes Motorjobs sein Bewegungsende-Flag - Setze Rob busy zurück, wenn alle Motorjobs beendet.**

Dabei läuft das "Programm" im Steuerrechner ab, und es ist Sache des Steuerrechners bei negativem Resultat einer "Teste- Rob busy"-Abfrage die aktuelle Ist-Position mit der gesendeten Soll-Position zu vergleichen. Im Falle einer Abweichung werden eventuelle Notaus- oder Fehlersituationen diagnostiziert, entsprechende Maßnahmen eingeleitet, oder auch nur die nächste Soll-Position gesendet. Je nach Konzeption der Software im Steuerrechner kann das Programm zusammen mit seinen Positionsdaten durch reine Off-line-Programmierung oder durch Teach–in bezüglich der Positionsdaten erhalten werden. Beliebige Mischformen sind denkbar.

Im Zustand "**Teach-in**" spielt der Kommunikationsmodul die wichtigste Rolle. Der Systembediener weist jedem Motor des Roboterarms mit Hilfe eines geeigneten Programms im Steuerrechner (z. B. Abfrageprogramm für Tasten der Tastatur des Steuerrechners, die den einzelnen Achsbewegungen zugeordnet sind) eine bestimmte Geschwindigkeit zu. Dadurch können alle Motoren einzeln oder, wenn gewünscht, auch gleichzeitig angesteuert werden, bis die angestrebte Position erreicht ist. Da durch den dabei verwendeten Befehl "Empfange Geschwindigkeiten" stets die Geschwindigkeiten für alle 6 Motoren empfangen werden, wird einem für das momentane Teach–in nicht benötigten Motor stets die reale Geschwindigkeit 0 zugewiesen. Durch anschließendes Ausführen des Befehls "Sende Ist-Position" wird jede im Teach-in angesteuerte Position im Steuerrechner zur weiteren Verarbeitung oder auch nur zur Speicherung verfügbar.

Da beim Positionieren im Teach in, bedingt durch Ungeschicklichkeiten des Bedieners oder durch die momentane Situation selbst, i. allg. ein mehrfacher Drehrichtungswechsel auftreten wird, muß Folgendes beachtet werden:
Wie im entsprechenden Struktogramm im Bild 4.10 gezeigt, wird bei einem Geschwindigkeitswechsel das Drehrichtungsbit nur dann richtig gesetzt, wenn die vorherige Geschwindigkeit "Oldspeed" 0 war. Hier lassen sich Fehler vermeiden, wenn das Programm im Steuerrechner dafür sorgt, daß ein **Wechsel im Vorzeichen der Geschwindigkeit nie direkt**, sondern nur über den Zwischenwert 0 erfolgen kann. Dabei muß gewährleistet sein (und das ist Sache des Bedieners), daß vor Ausgabe einer Geschwindigkeit mit entgegengesetztem Vorzeichen die reale Motorgeschwindigkeit tatsächlich 0 ist. Anderenfalls würden alle Flanken

während des sonst ablaufenden Bremsvorgangs in die falsche Richtung gezählt.

Kurz: **Drehrichtungswechsel eines Motors beim Teach-in nur bei realem Motorstillstand!**

Auch hier verursachen uns die **fehlenden Drehrichtungsindikatoren** der Motoren einige, wenn auch nicht sehr behindernde Schwierigkeiten.


Die unter 4.2 bis 4.7 in ihrer Struktur dargestellte Steuerungs-Software wurde von den Verfassern auf der Basis der unter 6. beschriebenen Hardware (Leistungsteil und Steuerelektronik) mit dem TEACH-Robot entwickelt und ausgetestet und in einem 4 kB-Eprom abgespeichert.

# 5. Programmierprojekte für den Roboter

Programmierprojekte für Roboter haben mehrere Ebenen. Da ist zunächst die Ebene der **Maschinenprogrammierung für die Motorkontrolle**. Wir haben die notwendigen Module für eine PTP-Steuerung eines mehrachsigen Industrieroboters vorgestellt.

Eine andere Ebene ist die **Schaffung eines Roboter-Systems**, dessen Komponenten für gängige Industrieroboter in Kapitel 3. beschrieben wurden.

In diesem Kapitel soll in Anlehnung an Kapitel 3. auf einem APPLE II ein Roboterprogrammiersystem skizziert werden. Es soll damit ein Rahmen gegeben werden, der aufzeigt, wie und in welchem Umfang ein Roboterprogrammiersystem auf einem Mikrocomputer realisiert werden kann.

Auf dem Niveau einer höheren Programmiersprache kann man mehrere Arten der Roboterprogrammierung unterscheiden:

a) **Freies Programmieren im klassischen textuellen Sinn**, d. h. man erzeugt z. B. ein BASIC- oder PASCAL-Programm mit Hilfe von Subroutinen bzw. Prozeduren, die die Kommunikation zu den Manipulatormotoren oder Sensoren regeln. Der entstandene Text wird dann interpretiert oder compiliert.

b) In der Praxis freilich wird häufig der Begriff der **Roboterprogrammierung** mit dem Aufbau einer **Bewegungsliste durch ein Teach-in** identifiziert.

c) Häufig trifft man in Praxissystemen auch eine **Kombination von On-line- und Off-line-Programmierung** an. Dem Benutzer steht neben dem Teach-in noch ein textueller Programmiermodus zur Verfügung, der es erlaubt, die Bewegungssequenzen mit einer Ablauflogik zu versehen.

Der Vorschlag unseres Programmierprojekts zielt auf die Realisation von allen drei Varianten. Doch ist klar, daß, insbesondere wenn noch komfortable Benutzer-Schnittstellen angestrebt werden, hier nur ein Bruchteil des Programmtextes wiedergegeben werden kann. So ist also der Programmtext hier nur als Skelett dargestellt und eine Anregung gegeben, wie die Roboterprogrammierkonzepte im Mikrocomputer implementiert werden könnten.

Da die Programmiervarianten a) und b) bereits mit den Darstellungen in Abschnitt 3.4 erledigt sind, sollen im folgenden noch Anregungen zu der Variante c) gegeben werden.

Als Benutzerführung sehen wir dabei eine reine Menueführung des Benutzers vor. In der folgenden Graphik (Bild 5.1) ist eine Übersicht der Menüsteuerung des Roboters gegeben.

Programmstruktur des Roboterbetriebssystems

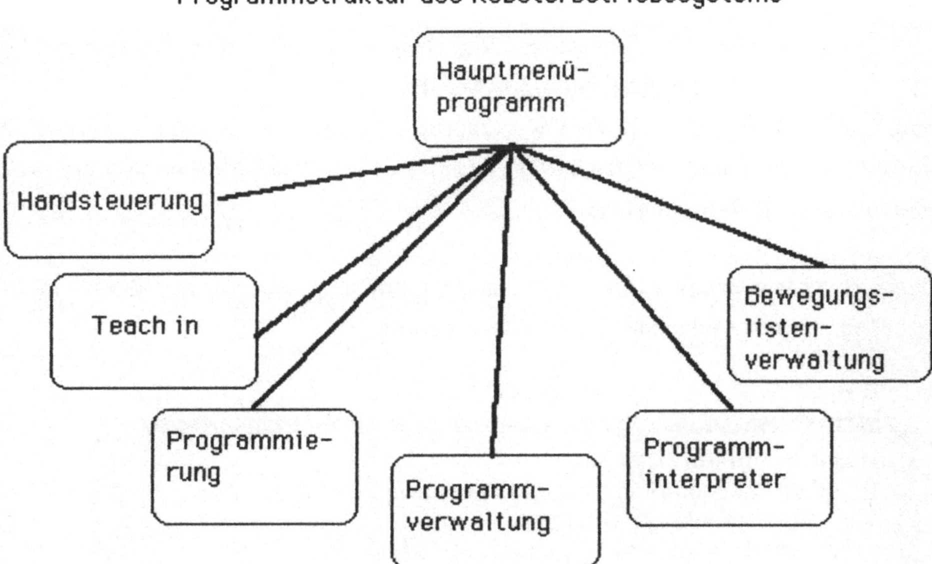


Bild 5.1

Hinter dem Menü-Punkt "Programmierung" könnte man auf die Schaffung einer eigenen kleinen Roboterprogrammiersprache abzielen, die eine sehr einfache menügesteuerte Roboterprogrammierung zuläßt, aber doch deutlich über eine reine Teach in-Programmierung hinausgeht. Die Idee zielt auf die **Schaffung einer einfachen Programmiersprache**, die eine sensorkontrollierte Verknüpfung von Bewegunglisten erlaubt, die getrennt von dieser textuellen Programmierung im Teach‑in-Verfahren erzeugt wurden. Zur Ausführung eines solchen Programms benötigen wir dann natürlich einen **Interpreter**, der im Ablauf des Roboterprogramms den Steuerrechner des Roboters instruiert.

Die Syntax einer einfachen Roboterprogrammiersprache namens **SIMPLE** könnte etwa so aussehen:

Das Atom der Sprache SIMPLE ist eine Bewegungsliste,

> **[Listenname],**

die im Teach-in erzeugt wurde.

Als Kontrollstruktur führen wir die n-fache Wiederholung der Bewegungsliste ein,

**[Listenname]$_n$.**

sowie ihren sensorbedingten Abbruch, bzw. ihre sensorbedingte Nichtdurchführung:

> **Wenn Paddle(x)   Relation   Vergleichswert, dann  [Listenname]$_n$,**
>
> **sonst  Sprung nach Zeilennummer**

mit Paddle(x)  aus {0,1,2,3}, dem Wertebereich der Paddle-Eingänge des Apple II, Relation aus {>,<} und Vergleichswert aus {0,...,256}, dem Wertebereich des A/D-Wandlers der Paddle-Eingänge.

Diese Programmierung kann auf einem sehr einfach aufgebauten Bildschirm geschehen, der etwa folgende Gestalt haben könnte.

```
Menü Programmierung
N. Neuer Programmschritt L. Programmschritt löschen
E. Programmschritt einfügen
-> Vorwärts blättern <- Rückwärts blättern
S. Programm speichern  O. Programm holen
```

| Programmschritt | 1 |
|---|---|
| Listenname | Holen |
| Wiederholungsanzahl | 1 |
| Paddlenumer | 0 |
| Vergleichswert | 128 |
| Relation | > |
| Nachfolgeschritt | 10 |

Bild 5.2

Die Programmzeile wird in eine n × 5-Matrix eingetragen. Die Zeilennummer der Programmzeile ist identisch mit der Zeilennummer der Matrix. Eine Anweisung in der Roboterprogrammiersprache SIMPLE wird also in einer Matrixzeile abgelegt. Die Matrix wird unter einem Dateinamen auf der Diskette abgelegt.

Es ist zweckmäßig, diese Roboterprogrammnamen in einem eigenen Katalog zu führen, um bei ihrer Verwaltung nie auf die DOS-Ebene des Apple-Systems wechseln zu müssen.

Dasselbe gilt für die Verwaltung der Bewegungslisten, so daß wir letztlich zur Sicherung der Information unseres Roboterprogrammiersystems Programmlisten der Programmiersprache SIMPLE, Bewegungslisten und die zugehörigen Kataloge verwalten müssen. (vgl. Bild 5.3).

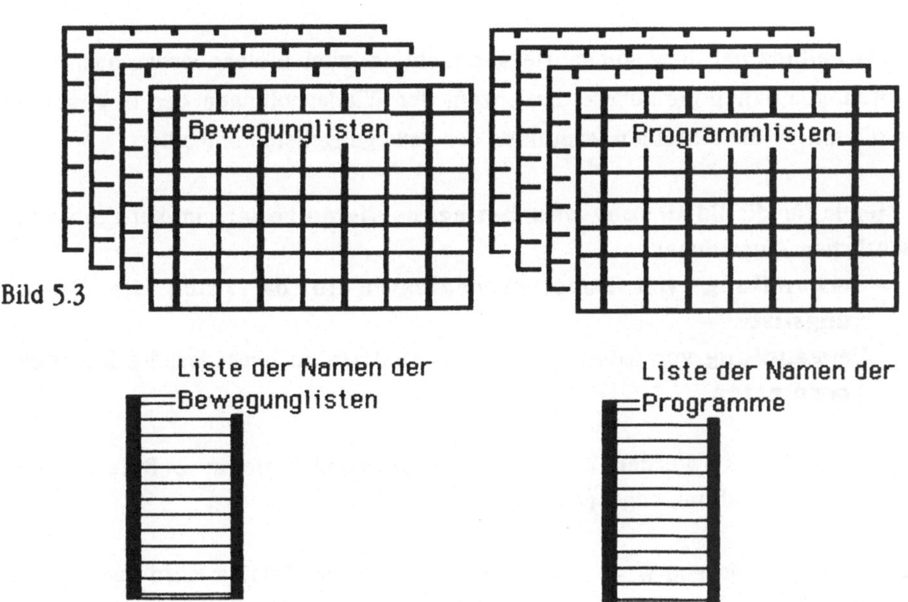


Bild 5.3

Mit der Roboterprogrammiersprache SIMPLE müssen wir natürlich auch einen **SIMPLE-INTERPRETER** schaffen, der die Programmzeilen in Roboterkommandos umsetzt. Die Struktur dieses Interpreters wird im folgenden in APPLE II-BASIC skizziert. Man vergleiche dazu die Darstellungen in Abschnitt 3.4 über die

Kommandostruktur des Roboters und die Unterprogrammstruktur des APPLE II-Steuerrechners.

Die Programmidee ist, daß zunächst durch das Interpreterprogramm der Text des SIMPLE-Programms in die Matrix **PROGRAMMLISTE$** geladen wird, in der die Befehlszeilen des **SIMPLE**-Programms, wie in Bild 5.2. angegeben, stehen.
Sie wird Zeile für Zeile abgearbeitet, es sei denn, es erfolgt unter Sensorkontrolle ein Sprung in die angegebene Nachfolgerzeile. Das Ganze arbeitet endlos, wenn in der letzten Zeile des **SIMPLE**-Programms als Nachfolgezeile die Zeile 1 angegeben wird.
Ein legaler Abbruch der Bewegungsdurchführung geschieht nur über die Taste "H", die man als "Notaus" verstehen kann. Sie wird immer während der Ausführung der Bewegung durch den Apple-Kontrollrechner abgefragt und resultiert in einen "Notaus"-Befehl an den Roboter.

Die Abarbeitung der Bewegungsliste geschieht in zwei ineinandergeschachtelten Schleifen, von denen die äußere die Anzahl der Wiederholungen der Bewegungsliste, die innere die einzelnen Positionen der Bewegungsliste kontrolliert.

Das Menue für die **Editierung von Bewegungslisten** besteht im Kern aus zwei wesentlichen Algorithmen:
- **Umwandlung** von **Roboterkoordinaten in** die Daten der **Bewegungsliste**
- **Umwandlung** von Daten der **Bewegungsliste in** leicht lesbare **Roboterkoordinaten.**

In unserem Projekt werden die Daten der Bewegungsliste in 2-Byte-Zweier-Komplement-Darstellung abgespeichert.

Eine Roboterposition von W = - 230 < 0 aus dem Wegemeßsystem wird dann durch
    W = 65536 +W: HighByte = INT(W/256): LowByte= W - HighByte*256
errechnet und gespeichert zu
    LowByte = 26, HighByte = 255
und z. B. W = 320 durch
    HighByte = INT(W/256): LowByte= W - HighByte*256
errechnet zu
    LowByte = 64, HighByte = 1.

Die Rückverwandlung auf Zehner-Dezimaldarstellung erfolgt

- Falls HighByte < 5: durch Highbyte*256 + Lowbyte

- Falls HighByte > 250: durch - (256 - Highbyte)*256 + LowByte.

Der Menü-Punkt Koordinatentransformationen, z. B. von kartesischen Weltkoordinaten eines Objekts in Roboterkoordinaten, hat nur einen Zweck, wenn die Mechanik des Modellroboters eine genaue Einmessung des Roboters ermöglicht (vgl. dazu Abschnitt 2.5, Welt und Modellwelt).
Zudem muß der Roboter genügend mechanische Stabilität und Wiederholgenauigkeit aufweisen, damit sich ein Programmierprojekt für Koordinatentransformationen lohnt.

Unter diesen Voraussetzungen jedoch bietet sich eine Vielfalt von Programmierprojekten an, z. B.:
- Eingabe von **kartesischen Weltkoordinaten** und Anfahren dieses Punktes in **PTP-Bewegung** mit dem Werkzeugaufpunkt.
- Transformation einer **Bewegungsliste in kartesische Koordinaten.**
- **Abfahren einer Linie mit PTP-Bewegungen**, unter Setzen von genügend vielen Zwischenpunkten, so daß aus dem PTP-Fahren ein näherungsweises lineares Bahnfahren wird.
- **Abfahren eines Kreises mit PTP-Bewegungen**, mit demselben Vorgehen wie oben.

Auch andere Bewegungsprobleme, wie z. B. das Setzen von Bohrlöchern in bestimmter Tiefe, die nicht ohne weiteres über das Teach in lösbar sind, können nach genauer Einmessung durch die Umsetzung in ein geometrisches Problem beschrieben, und durch Rücktransformation in Roboterkoordinaten gelöst werden.
Doch sind dazu Kenntnisse in Trigonometrie und affiner Geometrie nötig.

```
100 REM Interpreter für SIMPLE Programme
105 DIM PROGLISTE$(100,5): DIM Bewegungsliste(30,11)
110 PRINT "Programm?": INPUT PROG$
120 REM Einlesen eines Programmlistings
130 D$=CHR$(4)
140 PRINT D$; "OPEN"; PROG$
150 PRINT D$;"READ"; PROG$
160 INPUT PROGZEILEN
165 FOR I = 1 TO PROGZEILEN
170 FOR J = 0 TO 5: INPUT PROGLISTE$(I,J) : NEXT
180 NEXT
190 PRINT D$; "CLOSE"; PROG$
```

```
200 REM Start des Bewegungsprogramms
210 ZEIGER=1
220 GOSUB 2000 : REM Initialisierung des Interpreters
230 GOSUB 3000 : REM Einlesen der Bewegungsliste
240                     REM Ausführen der Bewegung
250 FOR A = 1 TO WIEDERHOLZAHL
260 FOR B = 1 TO BEWEGZEILEN
290 GOSUB 5000 : REM PTP-Fahren wie in Abschnitt 3.4
300 NEXT B
310 NEXT A
320 ZEIGER = NACHFOLGER
350 GOTO 220


2000 REM Initialisierung des Interpreters
2010 BEWEGUNG$ = PROGLISTE$(ZEIGER,0)
2020 WIEDERHOLZAHL = VAL(PROGLISTE$(ZEIGER,0))
2030 PADDLENR = VAL(PROGLISTE$(ZEIGER,0))
2040 VERGLEICH = VAL(PROGLISTE$(ZEIGER,0))
2050 RELATION$ = PROGLISTE$(ZEIGER,0)
2060 NACHFOLGER = VAL(PROGLISTE$(ZEIGER,0))
2070 RETURN


3000 REM Einlesen der Bewegungsliste
3130 D$ = CHR$(4)
3140 PRINT D$; "OPEN"; BEWEGUNG$
3150 PRINT D$; "READ"; BEWEGUNG$
3160 INPUT BEWEGZEILEN
3160 FOR I = 1 TO BEWEGZEILEN
3170 FOR J = 0 TO 11: INPUT BEWEGUNGSLISTE(I,J) : NEXT
3180 NEXT
3190 PRINT D$; "CLOSE"; BEWEGUNG$
3200 RETURN


5000 REM Übergabe eines Sollvektors und PTP fahren
5010 FOR I = 1 TO 11
5020 POKE 784 + I, BEWEGUNGSLISTE(B,I) : NEXT : REM Sollvektor übergeben
5030 NEXT I
5040 POKE 10,10 : CALL -15782 :          REM PTP-Fahren
5035 REM Im folgenden die Sensorkontrolle
5050 IF RELATION$ = ">" THEN IF PADDLE(PADDLENR) > VERGLEICH THEN 6000
5060 IF RELATION$ = "<" THEN IF PADDLE(PADDLENR) < VERGLEICH THEN 6000
5070 GET T$: IF T$="H" THEN POKE 10,2: CALL -15782: END: REM  Motore Stopp, Notaus
5080 POKE 10,14: CALL -15872 : IF PEEK(783) = 255 THEN 5050 : REM Warten bis Roboter ready
5090 RETURN


6000 REM Sensorsignal für Stopp der aktuellen Bewegung
6010 POKE 10,2 : CALL -15782: REM Motore Stopp
6020 GOTO 220
```

# 6. Leistungsteil und Steuerelektronik

In diesem Abschnitt wollen wir uns darüber im klaren werden, wie die in 4.5 beschriebenen Funktionen des Robot-Controllers hardwaremäßig realisiert werden können und welche Hardware wir dazu in welcher Verschaltung benötigen.

Dieser Abschnitt ist besonders für den am Detail Interessierten gedacht, der vielleicht an einen Nachbau denkt. Leser dieses Abschnitts sollten zumindest über elementare elektronische Grundkenntnisse verfügen.

### 6.1 Funktionsanalyse

Betrachten wir zunächst die Ansteuerung eines Motors:

Um alle in 4. beschriebenen Funktionen eines Motors ausführen zu können, benötigen wir eine Stromquelle ausreichender Stärke, deren Spannung 256 verschiedene Werte zwischen - 12 V und + 12 V annehmen kann. Wie in Bild 6.1 ersichtlich, muß der jeweilige Spannungswert durch ein 8-Bit-Wort vom Controller her einstellbar sein. Somit haben wir folgende Grobstruktur:

Bild 6.1

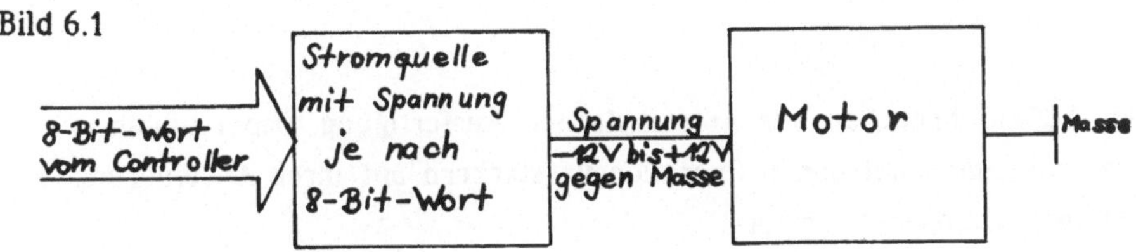


Da jeder Motor, je nach Belastungssituation, bis zu 0,5 A Strom ziehen kann, und das bei ±12 V, benötigen wir eine Stromversorgung, die von der üblichen 5 V-Versorgung des Mikroprozessorsystems mit ihrem vergleichsweise geringen Stromverbrauch vollkommen unabhängig ist. Wir verwenden zu diesem Zweck einen **Operationsverstärker** (OP), der maximal 3 A liefert, also wesentlich mehr als wir je brauchen. Wie das Struktogramm in Bild 4.10 zeigt, werden die Motoren der Reihe nach angesteuert, und das mit i. allg. völlig unterschiedlichen Spannungs/ Geschwindigkeitswerten. Da uns aber nur ein 8 Bit breites Leitungsbündel für alle 6 Motoren zur Verfügung steht (der Bus des Mikroprozessors), müssen wir einen **Multiplexbetrieb** einrichten. D. h. die Geschwindigkeitswerte (zwischen 0 und 255) werden nacheinander über den Bus ausgegeben und müssen individuell für jeden Motor bis zur nächsten Ausgabe stabil gespeichert werden. Wir erreichen das über einen 8-Bit-Zwischenspeicher, ein sogenanntes **Latch**.

Des weiteren soll unser Motor bei Erreichen der beiden mechanisch bedingten Endpositionen $E^+$ und $E^-$ stromlos geschaltet werden. Wir benötigen also noch zwei die Stromzufuhr kontrollierende **Endschalter**. Damit erhalten wir verfeinert folgenden Aufbau:

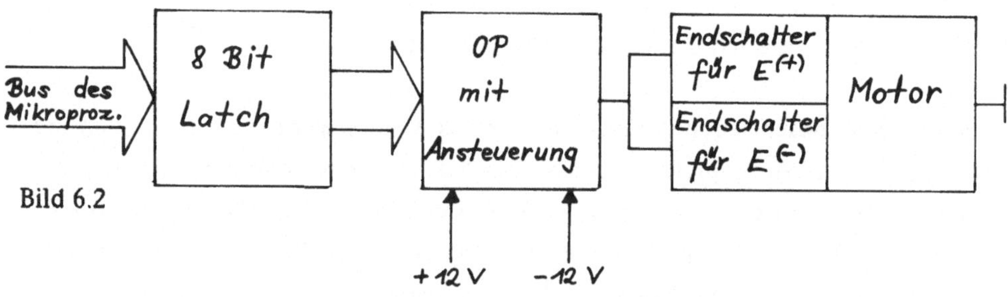


Bild 6.2

Diesen Aufbau brauchen wir in sechsfacher Ausfertigung. Dabei bilden die 6 Latches zusammen mit den 6 Operationsverstärkern mit ihrer Ansteuerung das **Leistungsteil** unseres Systems.

Kommen wir nun zum Transfer der Pegelzustände der 6 Signalleitungen zum Controller. Daraus leiten sich ja die Werte der Variablen Flankenabstandszähler, Flankenabstand und Ist-Position ab, die Grundlage unseres Wegemeßsystems sind. Die Impulsgeber auf den Achsen der Motoren benötigen eine + 5 V Spannungsversorgung und liefern, wie schon in 4.2 ausgeführt, Rechteckimpulse auf ihren zugehörigen Signalleitungen - 8 Flanken pro Umdrehung. Die 6 Pegelzustände in den Signalleitungen sollen wieder über den Bus des Mikroprozessors eingezogen werden. Wegen des Multiplexbetriebs auf diesem Bus ist ein Direktanschluß der Signalleitungen nicht möglich. Deren jeweilige Zustände werden daher in einem weiteren Latch gespeichert und werden von dort aus nur dann auf den Bus ausgegeben, wenn dies vom Robot-Controller ausdrücklich angefordert wird. Somit erhalten wir die Struktur, wie sie in Bild 6.3 gezeigt wird.

Bild 6.3

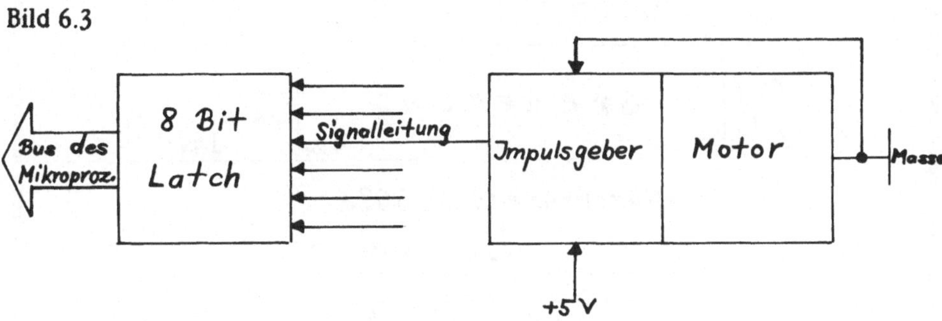


2 Bit der 8 Bit des Latch bleiben dabei ungenutzt.

## 6.2 Hardware-Konfiguration und -Funktion

Die Graphik in Bild 6.4 dient zwei Zwecken: Einerseits wollen wir unter Zusammenfassung der bis jetzt von uns erarbeiteten Details die Gliederung in die 3 Hauptkomponenten Steuerung, Leistungsteil und Manipulator, wie sie am Anfang von 4. dargestellt wurde, wieder deutlich machen. Andererseits wollen wir, veranschaulicht durch diese Graphik, den Multiplexbetrieb des **Mikroprozessor-Bus** etwas näher untersuchen.

Dazu müssen wir uns zunächst über Aufbau und Funktion des von uns einge-setzten **Mikroprozessors** im klaren werden, zumindest in dem Rahmen, wie er für uns relevant ist:

Der 8039 ist aus der 8048/49-Familie der **Einchip-Mikrocomputer**. Er hat eine Verarbeitungsbreite von 8 Bit und einen Onchip-Datenspeicher (Schreib/Lese) von 128 Byte. Im Unterschied zum 8049 besitzt er keinen Onchip-Programmspeicher, sondern bezieht sein Programm aus einem externen Speicher (→ **EPROM**: Erasable Programmable Read Only Memory). Im Gegensatz zum Onchip-

Bild 6.4

Steuerrechner
Steuerung
Port 1
Hand-shake
Masse
P24
JNT
Mikroprozessor 8039
WR
ALE
BUS
P20-3
PSEN
RD
Adress-Latch
4 kB Eprom
Leistungsteil
Stromver-sorgung
+5V
+12V
-12V
1 aus 6 Selektor
Motoransteuerung für 6 Motore
Latch für Signalleitungen
Manipulator

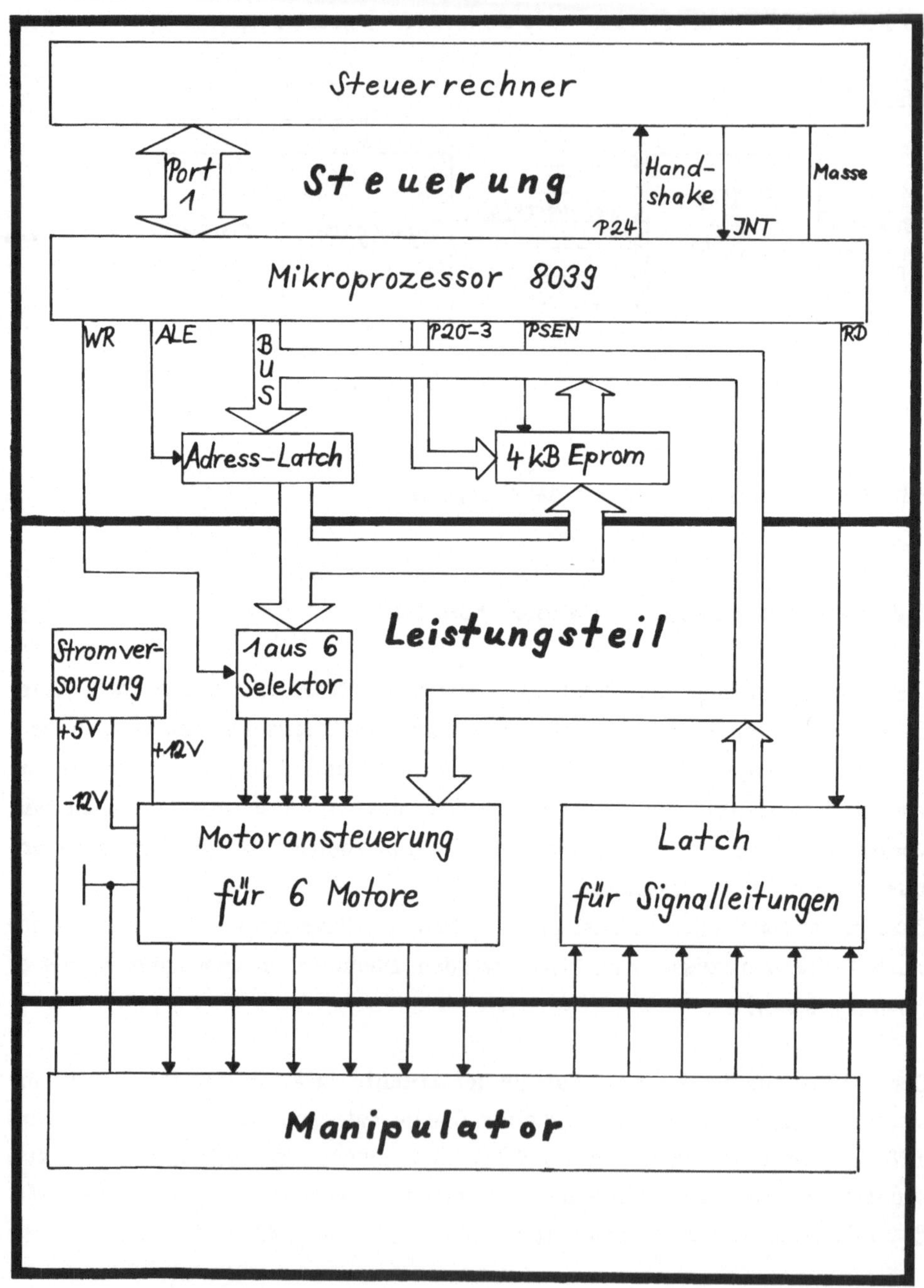

Speicher, der bereits während des Herstellungsprozesses des Mikroprozessors programmiert werden muß, kann ein Eprom leicht vom Anwender selbst unter Verwendung einer recht preisgünstigen Eprom-Programmiereinrichtung programmiert werden. Solche "Eprom-Programmer" gibt es als Zusatzkarten für etliche Mikrocomputer. Eproms haben darüber hinaus den Vorteil, daß man sie durch Bestrahlen mit UV-Licht wieder löschen und für eine Neuprogrammierung verfügbar machen kann.

Der 8039 besitzt insgesamt **27 Ein/Ausgabe-Pins:**
3 Ports mit 8 Bit Breite, Port 1 und Port 2, bei denen jeder Pin individuell für Eingabe oder Ausgabe verwendet werden kann, und Port-Bus, dessen Multiplex-Ansteuerung wir uns noch näher ansehen wollen. Schließlich gibt es noch die beiden Testeingänge TO und T1, deren Pegelzustand vom Programm her abfragbar ist, und einen Interrupt-Anschluß.

Ein **Onchip-Timer-Register** von 8 Bit Breite wird - falls die Timer-Funktion freigegeben ist - nach jedem 480. Taktzyklus um 1 erhöht. Mit seiner Hilfe erzeugen wir die konstanten **Hauptschleifenzyklen** (HSZ) als Zeitbasis für unser System.

Wir verwenden als Taktquelle für den 8039 einen 10-MHz-Quarz, von dem sich das Timing aller Abläufe ableitet. Das ursprüngliche Taktsignal wird intern in **Arbeitszyklen** verwandelt, wobei jeder Arbeitszyklus 3 Taktzyklen umfaßt. Je 5 Arbeitszyklen T1 bis T5 bilden einen **Maschinenzyklus**. Jeder Befehl des Befehlssatzes des 8039 wird in einem oder in zwei Maschinenzyklen abgearbeitet. Da dies 15 oder 30 Taktzyklen benötigt, beträgt die Befehlsausführungszeit bei 10 MHz für 1-Zyklus-Befehle 1,5 µs und 3 µs bei 2-Zyklen-Befehlen.

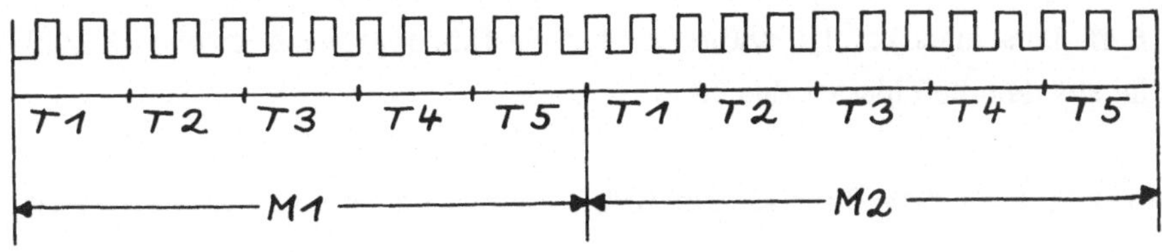

Bild 6.5

Der 8039 kann maximal 4 kB direkt adressieren. Die dazu erforderlichen 12 Leitungen des **Adress-Busses** werden aus Port-Bus (8 Leitungen) und Port 2, Pin 0 - Pin 3 (4 Leitungen), gebildet. Da nach Adressierung des Eproms dessen 8 Bit-Data auch über Port-Bus eingezogen werden, ist also bereits während der Befehlshole-Phase des Prozessors ein Multiplexbetrieb von Port Bus notwendig. Da während des Auslesens (auf Port-Bus) des Eproms die zugehörige Adresse stabil anliegen muß, kann Port-Bus die Adressierung zu diesem Zeitpunkt nicht mehr vornehmen, sondern muß zur Aufnahme der Daten bereit sein. Aus diesem Grund müssen die unteren 8 Adressbits vor Beginn des Auslesens schon gespeichert worden sein. Diese Aufgabe übernimmt ein 8 Bit-Zwischenspeicher, das sogenannte **Adress-Latch**. Während des Auslesens des Eproms liefert das Adress-Latch die unteren 8 Bits der Adresse.

Zur Synchronisation stellt die CPU an den Pins **ALE** (Adress Latch Enable) und **PSEN** (Program Store ENable) zwei Steuersignale zur Verfügung. Das unten stehende Timing-Diagramm in Bild 6.6 zeigt die Pegelzustände in den einzelnen Leitungen. Das Adresslatch übernimmt mit der abfallenden Flanke ⌐L_ des ALE-Signals die zu diesem Zeitpunkt stabil in Port–Bus anliegenden unteren 8 Adressbits. Während der Arbeitszyklen T4 und T5 hält Port 2 in Bit 0 bis Bit 3 die oberen 4 Adressbits. Während T5 geschieht nun Folgendes: Port-Bus ist frei zur Aufnahme der Daten des Eproms, das stabil durch das Adress-Latch und Port 2, Bit 0 - Bit 3, adressiert wird. Wenn nun PSEN auf Low geht, gibt das Eprom den Inhalt der angesprochenen Adresse auf den Bus. Es erfolgt Einzug in die CPU und Dekodierung des eingezogenen Befehlscodes. Es schließt sich dann die Ausführungsphase des Befehls an.

Wenden wir uns nun dem Multiplexbetrieb von Port-Bus zu, wie er beim Einzug der Impulsgeberwerte und bei der Motoransteuerung erforderlich ist (siehe dazu Bild 6.4). Dies alles erfolgt während der Ausführungsphase zweier 2-Zyklen-Befehle aus dem Befehlssatz des 8039:

① "**Einzug Port-Bus-Data in die CPU**" - synchronisiert mit dem Steuersignal **RD** (Read)

② **"Adressieren eines externen Speichers und Schreiben der Port-Bus-Data in den adressierten Speicherplatz"** – synchronisiert mit dem Steuersignal **WR** (Write)

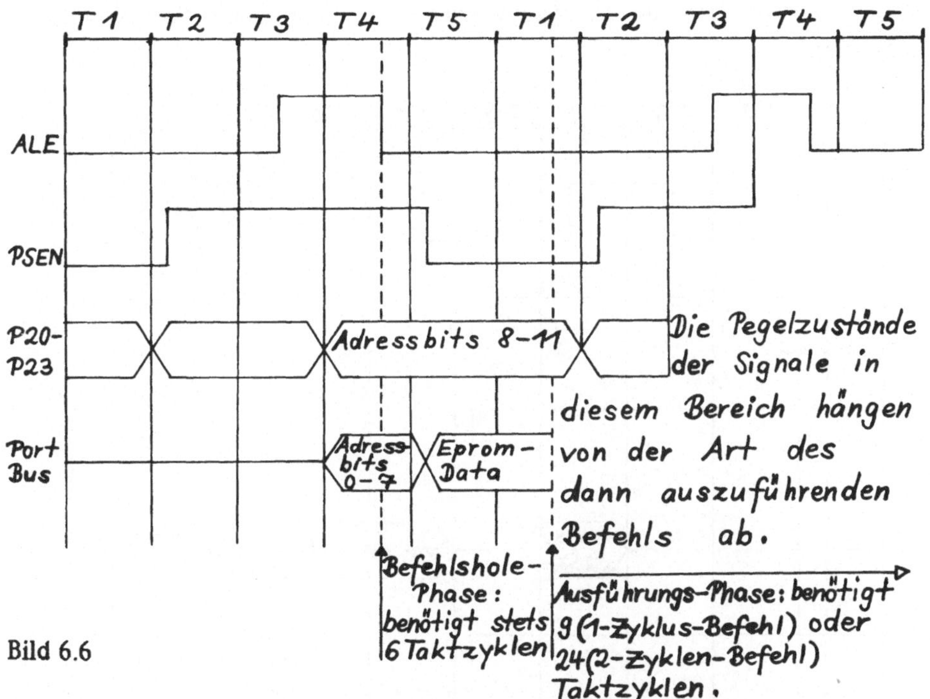


Bild 6.6

Wir verzichten hier auf die mnemonische Darstellung dieser Befehle - diese würde nur zusätzliche Erläuterungen erfordern, die dem Verständnis der Abläufe nicht dienen würden - und beschränken uns auf deren verbale Präsentation.

Im folgenden Timing-Diagramm in Bild 6.7 ist die Ausführungsphase (24 Taktzyklen) dieser beiden Befehle mit den Zuständen der beteiligten Steuer- und Datenleitungen dargestellt.

Bei Befehl ① stammen die **"Einzugs-Data"** aus dem Latch für die Signalleitungen, dessen Inhalt während der Low-Phase des RD-Signals auf Port-Bus anliegt. Bei Befehl ② bilden die 6 Latches der Motoransteuerung den externen Speicher. **"Data"** ist hier das **"Geschwindigkeitsbyte"**, das vom Robot-Controller ausgegeben wird - es liegt während der Low-Phase des WR-Signals in Port-Bus an.

Zuvor wurde allerdings schon die "Adresse" des externen Speichers mit der abfallenden Flanke des ALE-Signals im Adress-Latch gespeichert und liegt während der Low-Phase des WR-Signals stabil am "**1-aus-6-Selektor**" an (siehe Bild 6.4). Der "1-aus-6-Selektor" dekodiert die "Adresse" und wählt genau eines der 6 Motor-Latches an. In dieses wird dann die neue Geschwindigkeit geschrieben.

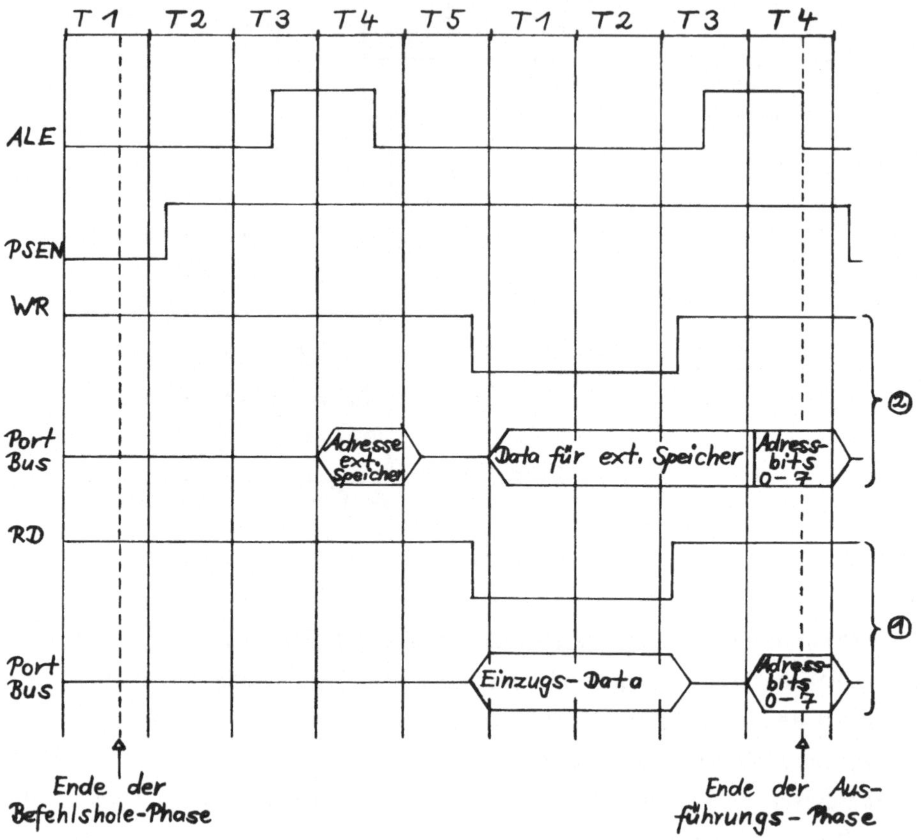


Bild 6.7

Während des entscheidenden Teils der Ausführungs-Phase beider Befehle wird durch den H-Pegel des PSEN-Signals das Eprom inaktiv gehalten, wodurch der Bus frei von Eprom-Data bleibt.

Damit wollen wir unsere Untersuchung des Multiplexbetriebs von Port-Bus, der
für das Verständnis des Hardware-Aufbaus gemäß Bild 6.4 eine zentrale Rolle
spielt, abschließen. Eine ausführliche Beschreibung von Funktion und Aufbau der
Einchip-Mikrocomputer der 8048-Familie ist in (14), (15) und (16) zu finden.

Gehen wir nun kurz auf die **Schnittstelle zum Steuerrechner** ein:
Wir verwenden einen Apple II-Mikrocomputer als Steuerrechner und betreiben
die Kommunikation zum Robotermodell über ein Parallel-Interface, das als
Steckkarte einen Slot des Apple belegt. Herzstück des Interface (AP4 Parallel-
Schnittstelle von IBS) ist der VIA 6522 (Versatile Interface Adapter), der zwei 8-
Bit-Ports, Port A und Port B, besitzt. Jeder Pin dieser Ports ist individuell auf
Eingabe oder Ausgabe programmierbar. Port A des VIA ist mit Port 1 des 8039
verbunden und 2 Leitungen von Port B dienen als **Handshakeleitungen**: Port B
Pin 6 ist auf Eingabe programmiert und mit Port 2 Pin 4 des 8039 verbunden,
Port B Pin 7 ist auf Ausgabe programmiert und mit dem Interrupt-Eingang des
8039 verbunden (vgl. Bild 6.4). Die jeweilige Programmierung des VIA (auf
Eingabe oder Ausgabe), sowie den Datenaustausch mit dem Kommunikationsmodul,
leistet ein Maschinenprogramm in der Sprache des 6502-Mikroprozessors, der im
Apple als CPU (Central Processing Unit) arbeitet. Dieses Programm ist in einem
Eprom auf der Interface-Karte gespeichert und kann vom Hauptprogramm der
Steuersoftware im Apple als Maschinen-Unterprogramm aufgerufen werden.

**Zur Stromversorgung**: Unsere Hardware, die in einem Kunststoffgehäuse alle
Komponenten von Steuerung (natürlich ohne Steuerrechner) und Leistungsteil,
wie sie in Bild 6.4 dargestellt sind, enthält, hat 3 Buchsen für die Stromversorgung: **+ 12 V, - 12 V und Masse**, die aus einem Netzgerät bedient werden.
Intern erzeugt ein Spannungsstabilisator 7805 die **+5 V-Versorgungsspannung**
für den Mikroprozessor und die übrigen Bauelemente. So gesehen hat unser
Aufbau folgendes Aussehen:

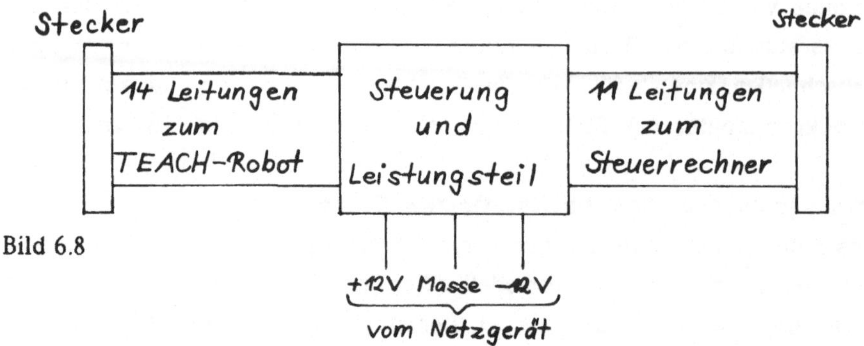


Bild 6.8

In Bild 6.9 ist für den am Detail Interessierten ein genaues Schaltbild des Leistungsteiles wiedergegeben: Der "1-aus-6-Selektor" ist durch einen 4555-Baustein realisiert, der zwei "1-aus-4-Selektoren" enthält. Er wird mit den unteren 4 Bits des Ausgangs des Adress-Latch angesteuert - 2 Bit pro "1-aus-4-Selektor". 2 Ausgänge des 4555 bleiben unbenutzt, während die anderen die Enable-Eingänge **E** der Motor-Latches 40373 bedienen. Nur dann, wenn **E** auf H liegt, übernimmt das Latch den Inhalt des Busses. Die Output-Control-Eingänge **OC** der Motor-Latches haben konstanten L-Pegel, so daß die Widerstandsnetzwerke **R/R** (12 k$\Omega$, 24 k$\Omega$) ständig die dem Inhalt der Motor-Latches entsprechenden Steuerspannungen (zwischen 0 und 5 V) für die Operationsverstärker 365 in ihrem Ausgang führen. Die auf die **R/R**-Netzwerke folgenden Widerstände und Kondensatoren sowie deren Verschaltung dienen der üblichen Ansteuerung der Operationsverstärker. Die Drehpotentiometer von 0 - 2.5 k$\Omega$ erlauben ein problemloses Einstellen des Motorstillstands. Die Dioden 4007 zwischen den Anschlüssen der Versorgungsspannung und dem Ausgang der Operationsverstärker verhindern schädliche Auswirkungen der beim Abschalten der Motoren entstehenden Induktionsspannungen. Neben den Motoren sind die Endschalter eingezeichnet, die im Zusammenwirken mit den beiden Dioden die Motoren in den Endpositionen stromlos schalten. Ein Ansteuern eines Motors in Endposition mit einer Spannung entgegengesetzten Vorzeichens ist auf diese Weise möglich.

Das Latch für die Signalleitungen ist, wie übrigens auch das Adress-Latch, vom Typ 40373. Sein **E**-Eingang liegt konstant an High, so daß sein Inhalt stets den

Bild 6.9

+5V
+12V
-12V
Vcc OP
RD
Motorenstecker
+5V
M1
M2
M3
M4
M5
M6
Gnd
R
R
OC
373
E
Port
Bus
WR
45
55
vom Adresslatch
: Pull down -
Widerstand
gegen Masse
R : Reserve
E
373
OC
R/R
12/24
8k
2k5
10k
1k
10k
10k
1µ
24k
1N 4007
365
+
-
M1: Handdrehen
M2: Greifer
M3: Schulter
M4: Körper
M5: Handschwenken
M6: Ellbogen
M

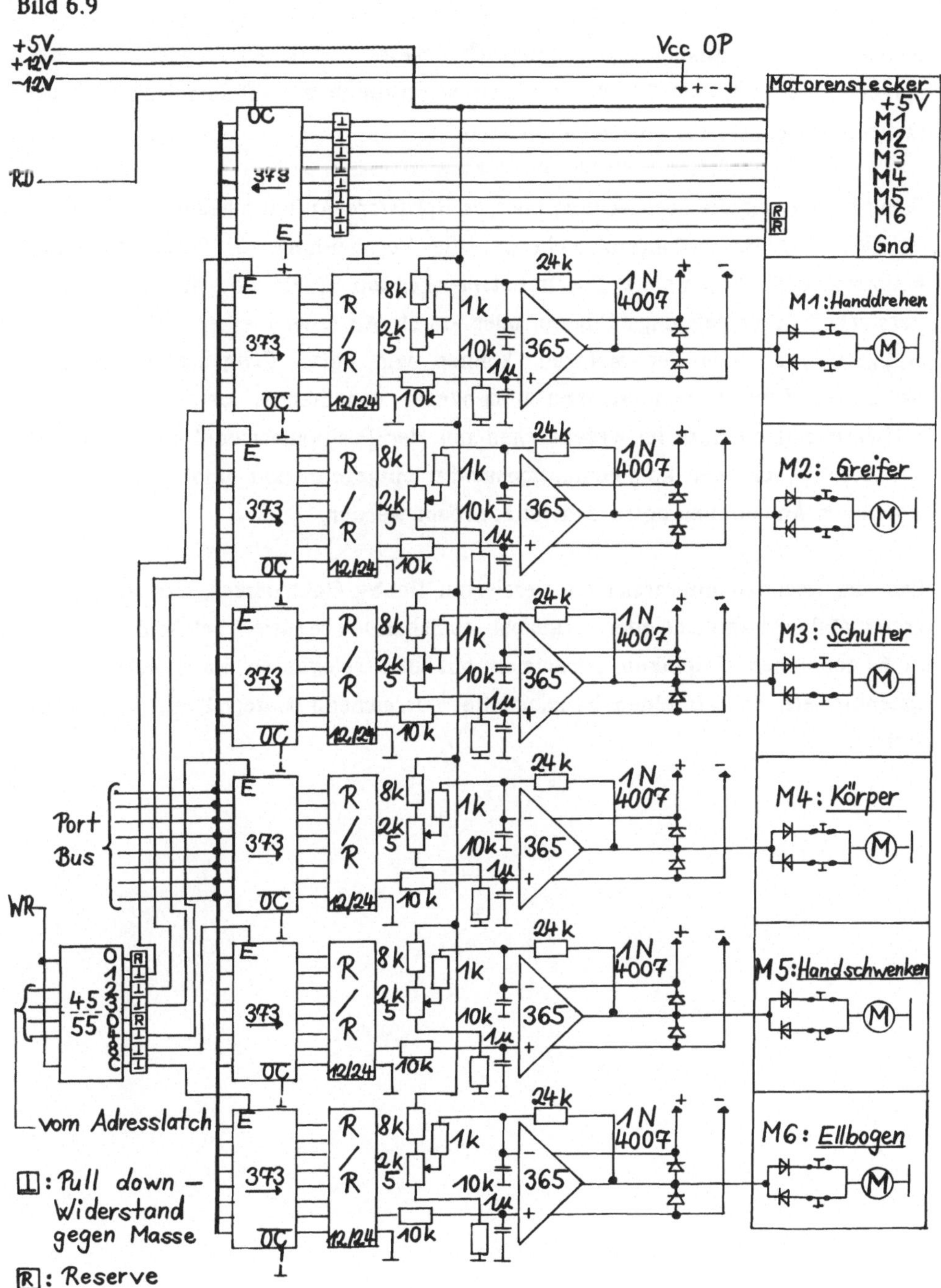

Pegeln in den Signalleitungen entspricht. Dieser Inhalt wird, wie schon besprochen, nur dann auf den Bus gegeben, wenn durch das RD-Signal der Output-
Control-Eingang **OC** auf Low gehalten wird.

Damit wollen wir die Besprechung unseres Hardware-Aufbaus beenden. Natürlich
ist dieses Hardware-Konzept nicht auf die Verwendung zur Steuerung eines
Robotermodells beschränkt. Durch entsprechenden Ersatz der 365-Operations-
verstärker durch leistungsfähigere, oder durch Ansteuern einer zweiten Lei-
stungsstufe anstelle der Motoren, können wir unter **Programmsteuerung**
**beliebige Gleichstrommotoren** unabhängig voneinander betreiben. In der
Software müssen dazu im wesentlichen nur der Positioniermodul sowie die Art
der Befehle, die der Kommunikationsmodul entgegennimmt und ausführt, der
jeweiligen Anwendung entsprechend angepaßt werden.

Dem am Nachbau interessierten, versierten Hobby-Elektroniker, der nicht zum
ersten Mal eine ähnliche oder vergleichbare Schaltung realisiert hat, sollte mit den
in 6. gebotenen Graphiken, zusammen mit den relevanten Handbüchern und
Datenblättern der einzelnen Bauelemente, ausreichend Material zur Verfügung
stehen.

**Beiblatt zu 2.2**

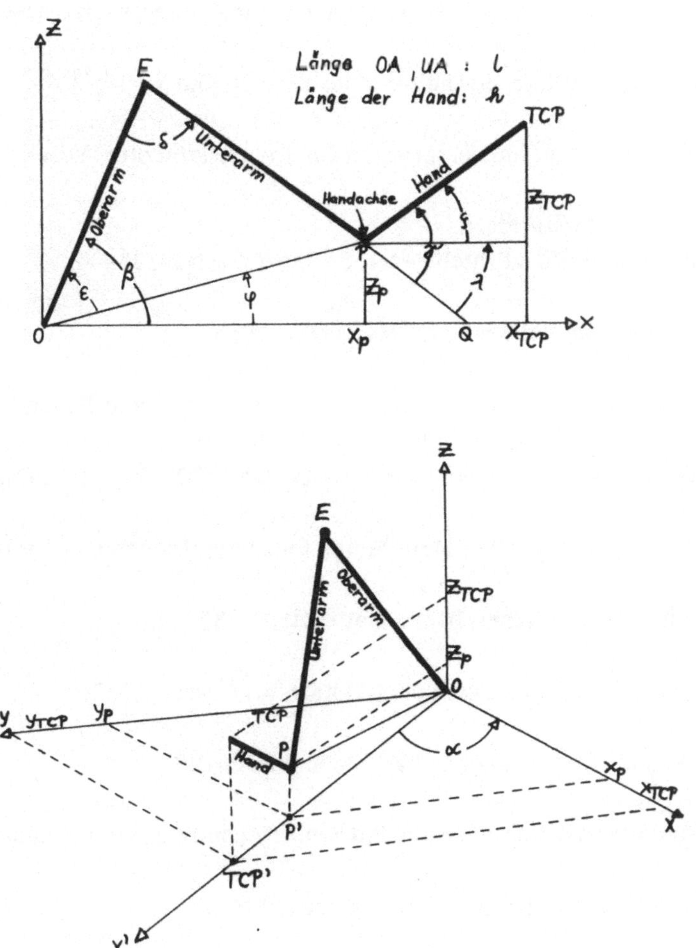





Alle Winkel nehmen nur Werte aus ]-π;+π] an. Wenn ein Winkel x als Ergebnis einer Rechenoperation nicht mehr in diesem Intervall liegt, so wird er durch x* ersetzt, wobei x* durch x = k·2π + x* , k ∈ **Z**, x* ∈ ]-π;+π] definiert ist. Für π < |x| < 2π gilt: x* = - sgn(x)·(2π -|x|). x* ist der kleinere der beiden Winkel, die von den definierenden Halbgeraden gebildet werden.

# Literaturhinweise

(1)   Aleksander/Burnett: Die Roboter kommen, Birkhäuser Verlag, 1984

(2)   Asimov, Isaac: Auf der Suche nach der Erde, Heyne Verlag, 1984

(3)   Blume/Jakob: Programmiersprachen für Industrieroboter, Vogel Verlag, 1983

(4)   Brady/Gerhardt/Davidson:
      Robotics and Artificial Intelligence, Springer Verlag, 1984

(5)   Brady/Paul: Robotics Research, MIT Press, 1984

(6)   Danthine/Geradin:  Advanced Software in Robotics, North-Holland, 1985

(7)   Haefner, Klaus:  Mensch und Computer im Jahr 2000, Verlag Birkhäuser, 1984

(8)   Hansen/Schröder/Weihe : Mensch und Computer, Oldenbourg Verlag, 1979

(9)   Hofstadter: Gödel, Escher, Bach,  Klett-Cotta, 1985

(10) Hollerbach/Brady/Johnson: Robot Motion, MIT Press, 1982

(11) Hunt, Daniel:  Smart Robots, Chapman and Hall, 1985

(12) IFS (Publications): Robot Vision and Sensory Controls, North-Holland, 1982

(13) Kämpfer, Siegfried: Roboter, VDI-Verlag, 1984

(14) Koch, J. (Valvo):  Die Mikrocomputer-Familie MCS-48
        - Eigenschaften und Anwendungen, Verlag Boysen + Maasch, 1980
(15) - Befehlsvorrat, Verlag Boysen + Maasch, 1979

(16) Oki: CMOS 8 Bit-Microcomputer MSM80C48RS/
      MSM80C49RS User's Manual, Oki Electric Europe GmbH

(17) Rocks, Brian:  Developments in Robotics
      IFS (Publications) Anchor Press, 1983

# Sachverzeichnis

# MikroComputer–Praxis Fortsetzung



Hainer: **Numerik mit BASIC-Tischrechnern**
    Diskette für C 64 / VC 1541; CBM-Floppy 2031, 4040   Empf. Preis DM 48,–
    Diskette für IBM-PC; DOS 2.0   Empf. Preis DM 48,–

Holland: **Problemlösen mit micro-PROLOG**
    Diskette für Apple II; CP/M; micro-Prolog 3.1   Empf. Preis DM 42,–
    Diskette für IBM-PC; MS-DOS; micro-Prolog 3.1   Empf. Preis DM 42,–

Höppe/Lothe: **Problemlösen und Programmieren mit LOGO**
    Ausgewählte Beispiele aus Mathematik und Informatik
    Diskette für Apple II; IWT-LOGO   Empf. Preis DM 42,–
    Diskette für C 64 / VC 1541: CBM-Floppy 2031, 4040   Empf. Preis DM 42,–

Könke: **Lineare und stochastische Optimierung mit dem PC**
    Diskette für IBM-PC; MS-DOS   Empf. Preis DM 46,–

Koschwitz/Wedekind: **BASIC-Biologieprogramme**
    Diskette für Apple II; DOS 3.3   Empf. Preis DM 46,–
    Diskette für C 64 / VC 1541; CBM-Floppy 2031, 4040   Empf. Preis DM 46,–

Lehmann: **Fallstudien mit dem Computer**
    Markow-Ketten und weitere Beispiele aus der Linearen Algebra
    und Wahrscheinlichkeitsrechnung
    Diskette für Apple II; UCSD-PASCAL   Empf. Preis DM 44,–
    Diskette für IBM-PC; DOS, TURBO-PASCAL   Empf. Preis DM 44,–

Lehmann: **Lineare Algebra mit dem Computer**
    Diskette für Apple II; UCSD-PASCAL   Empf. Preis DM 46,–
    Diskette für IBM-PC; DOS, TURBO-PASCAL   Empf. Preis DM 46,–

Lehmann: **Projektarbeit im Informatikunterricht**
    Entwicklung von Softwarepaketen und Realisierung mit PASCAL
    **Projekt „ZINSY"** (Zeitschriften-Informationssystem)
    Diskette für Apple II; UCSD-PASCAL   Empf. Preis DM 46,–
    Diskette für IBM-PC; DOS, TURBO-PASCAL   Empf. Preis DM 46,–
    **Projekt „Mucho"** (Multiple Choice-Test)
    Diskette für Apple II; UCSD-PASCAL   Empf. Preis DM 46,–
    Diskette für IBM-PC; DOS, TURBO-PASCAL   Empf. Preis DM 46,–

Menzel: **BASIC in 100 Beispielen**
    Diskette für Apple II; DOS 3.3   Empf. Preis DM 42,–
    Buch mit Beilage Diskette für CBM-Floppy 8050, 8250   DM 62,–
    Diskette für C 64 / VC 1541; CBM-Floppy 2031, 4040   Empf. Preis DM 42,–

Menzel: **Dateiverarbeitung mit BASIC**
    Diskette für Apple II; DOS 3.3 bzw. CP/M   Empf. Preis DM 48,–
    Diskette für C 64 / VC 1541; CBM-Floppy 2031, 4040; bzw. für CBM 8032,
    CBM-Floppy 8050, 8250   Empf. Preis DM 48,–

Menzel: **LOGO in 100 Beispielen**
    Diskette für Apple II; MIT-Logo, dt. IWT-Version   Empf. Preis DM 42,–
    Diskette für C 64 / VC 1541; CBM-Floppy 2031, 4040   Empf. Preis DM 42,–

Mittelbach: **Simulationen in BASIC**
    Diskette für Apple II; DOS 3.3   Empf. Preis DM 46,–
    Diskette für C 64 / VC 1541; CBM-Floppy 2031, 4040   Empf. Preis DM 46,–
    Diskette für CBM 8032, CBM-Floppy 8050, 8250   Empf. Preis DM 46,–

Mittelbach/Wermuth: **TURBO-PASCAL aus der Praxis**
    Diskette für IBM-PC; MS-DOS; TURBO-PASCAL   Empf. Preis DM 42,–

Nievergelt/Ventura: **Die Gestaltung interaktiver Programme**
    Buch mit Beilage Diskette für Apple II; UCSD-PASCAL   DM 62,–

Ottmann/Schrapp/Widmayer: **PASCAL in 100 Beispielen**
    Diskette für Apple II; UCSD-PASCAL   Empf. Preis DM 48,–